高等职业院校基于工作过程项目式系列教材
企业级卓越人才培养解决方案"十三五"规划教材

TensorFlow 项目式
案例实战

天津滨海迅腾科技集团有限公司　编著

天津大学出版社
TIANJIN UNIVERSITY PRESS

图书在版编目(CIP)数据

TensorFlow项目式案例实战/天津滨海迅腾科技集团有限公司编著.—天津:天津大学出版社,2020.1

高等职业院校基于工作过程项目式系列教材 企业级卓越人才培养解决方案"十三五"规划教材

ISBN 978-7-5618-6593-4

Ⅰ.①T… Ⅱ.①天… Ⅲ.①机器学习－高等职业教育－教材 Ⅳ.①TP181

中国版本图书馆CIP数据核字(2019)第290585号

主　编：杨俊杰　孟英杰
副主编：张艳玲　李增绪　王　婷
　　　　陈　炯　雷　莹　郭思延

出版发行　天津大学出版社
地　　址　天津市卫津路92号天津大学内(邮编:300072)
电　　话　发行部:022-27403647
网　　址　www.tjupress.com.cn
印　　刷　廊坊市海涛印刷有限公司
经　　销　全国各地新华书店
开　　本　185mm×260mm
印　　张　14.75
字　　数　369千
版　　次　2020年1月第1版
印　　次　2020年1月第1次
定　　价　55.00元

高等职业院校基于工作过程项目式系列教材
企业级卓越人才培养解决方案"十三五"规划教材
编写委员会

成永江　东营科技职业学院

陈章侠　德州职业技术学院

王作鹏　烟台职业学院

郑开阳　枣庄职业学院

景悦林　威海职业学院

常中华　青岛职业技术学院

张洪忠　临沂职业学院

宋　军　山西工程职业学院

刘月红　晋中职业技术学院

田祥宇　山西金融职业学院

任利成　山西轻工职业技术学院

赵　娟　山西旅游职业学院

陈　炯　山西职业技术学院

范文涵　山西财贸职业技术学院

郭社军　河北交通职业技术学院

麻士琦　衡水职业技术学院

娄志刚　唐山科技职业技术学院

刘少坤　河北工业职业技术学院

尹立云　宣化科技职业学院

廉新宇　唐山工业职业技术学院

崔爱红　石家庄信息工程职业学院

郭长庚　许昌职业技术学院

李庶泉　周口职业技术学院

周　勇　四川华新现代职业学院

周仲文　四川广播电视大学

张雅珍　陕西工商职业学院

夏东盛　陕西工业职业技术学院

景海萍　陕西财经职业技术学院

许国强　湖南有色金属职业技术学院

许　磊　重庆电子工程职业学院

谭维齐　安庆职业技术学院

董新民　安徽国际商务职业学院

孙　刚　南京信息职业技术学院

李洪德　青海柴达木职业技术学院

王国强　甘肃交通职业技术学院

基于产教融合校企共建产业学院创新体系简介

  基于产教融合校企共建产业学院创新体系是天津滨海迅腾科技集团有限公司联合国内几十所高校,结合数十个行业协会及1000余家行业领军企业的人才需求标准,在高校中实施十年而形成的一项科技成果,该成果于2019年1月在天津市高新技术成果转化中心组织的科学技术成果鉴定中被鉴定为国内领先水平。该成果是贯彻落实《国务院关于印发国家职业教育改革实施方案的通知》(国发〔2019〕4号)的深度实践,开发出了具有自主知识产权的"标准化产品体系"(含329项具有知识产权的实施产品)。从产业、项目到专业、课程形成了系统化的操作实施标准,构建了具有企业特色的产教融合校企合作运营标准"十个共",实施标准"九个基于",创新标准"七个融合"等全系列、可操作、可复制的产教融合系列标准,取得了高等职业院校校企深度合作的系统性成果。该成果通过企业级卓越人才培养解决方案(以下简称解决方案)具体实施。

  该解决方案是面向我国职业教育量身定制的应用型技术技能人才培养解决方案,是以教育部—滨海迅腾科技集团产学合作协同育人项目为依托,依靠集团的研发实力,通过联合国内职业教育领域相关的政策研究机构、行业、企业、职业院校共同研究与实践获得的方案。本解决方案坚持"创新校企融合协同育人,推进校企合作模式改革"的宗旨,消化吸收德国"双元制"应用型人才培养模式,深入践行基于工作过程"项目化"及"系统化"的教学方法,形成工程实践创新培养的企业化培养解决方案,在服务国家战略——京津冀教育协同发展、中国制造2025(工业信息化)等领域培养不同层次的技术技能型人才,为推进我国实现教育现代化发挥了积极作用。

  该解决方案由初、中、高三个培养阶段构成,包含技术技能培养体系(人才培养方案、专业教程、课程标准、标准课程包、企业项目包、考评体系、认证体系、社会服务及师资培训)、教学管理体系、就业管理体系、创新创业体系等,采用校企融合、产学融合、师资融合"三融合"的模式在高校内共建大数据(AI)学院、互联网学院、软件学院、电子商务学院、设计学院、智慧物流学院、智能制造学院等,并以"卓越工程师培养计划"项目的形式推行,将企业人才需求标准、工作流程、研发规范、考评体系、企业管理体系引进课堂,充分发挥校企双方的优势,推动校企、校际合作,促进区域优质资源共建共享,实现卓越人才培养目标,达到企业人才招录的标准。本解决方案已在全国几十所高校实施,目前形成了企业、高校、学生三方共赢的格局。

  天津滨海迅腾科技集团有限公司创建于2004年,是以IT产业为主导的高科技企业集团。集团业务范围覆盖信息化集成、软件研发、职业教育、电子商务、互联网服务、生物科技、健康产业、日化产业等。集团以科技产业为背景,与高校共同开展"三融合"的校企合作混合所有制项目。多年来,集团打造了以博士研究生、硕士研究生、企业一线工程师为主导的科研及教学团队,培养了大批互联网行业应用型技术人才。集团先后荣获全国模范和谐企业、国家级高新技术企业、天津市"五一"劳动奖状先进集体、天津市"AAA"级劳动关系和谐企业、天津市"文明单位"、天津市"工人先锋号"、天津市"青年文明号"、天津市"功勋企业"、天津市"科技小巨人企业"、天津市"高科技型领军企业"等近百项荣誉。集团将以"中国梦,腾之梦"为指导思想,深化产教融合,坚持围绕产业需求,坚持利用科技创新推动生产,坚持激发职业教育发展活力,形成"产业+科技+教育"生态,为我国职业教育深化产教融合、校企合作的创新发展作出更大贡献。

前　言

随着人工智能与大数据技术的快速发展，TensorFlow 一经出现就受到了外界的高度关注。近两年人工智能发展火热，TensorFlow 人才需求不断扩大，薪资待遇也是颇为丰厚，但岗位缺口依旧很大。TensorFlow 是由 Google 公司推出的神经网络框架，其前身是谷歌（Google）的神经网络算法库 DistBelief。TensorFlow 在最近几年得到了快速发展，应用框架日益成熟，凭借其良好的稳定性和适应性，深受应用开发者的青睐。

本书由八个项目组成，详细讲解了 TensorFlow 项目从"入门"到"应用"的过程。项目一至项目六主要对"TensorFlow 依赖模块""非线性回归""机器学习""卷积神经网络""TensorFlow 数据可视化""MNIST 数字识别可视化""循环神经网络"等知识进行了讲述，通过项目一至项目六的学习，可以使读者掌握 TensorFlow 基础知识，了解典型的应用框架。项目七主要讲解了强化学习和自编码知识。项目八对 TensorFlow 的高级框架进行了拓展学习。通过 TensorFlow 项目开发所需的基础知识与应用框架，使读者掌握 TensorFlow 项目开发的基本操作，具有独立完成 TensorFlow 项目开发的能力。

本书由孟英杰、杨俊杰共同担任主编，张艳玲、李增绪、王婷、陈炯、雷莹、郭思延担任副主编，孟英杰、杨俊杰负责整体内容的规划与编排。具体分工如下：项目一和项目二由张艳玲、李增绪编写；项目三和项目四由王婷、陈炯编写；项目五和项目六由雷莹、郭思延编写；项目七和项目八由杨俊杰、孟英杰编写。

本书知识全面、内容清晰、案例丰富，从基础开始讲解 TensorFlow 在深度学习、神经网络模型搭建与应用方面的知识，由浅入深，结合企业项目开发思路，深入融合人工智能 TensorFlow 企业案例，锻炼读者的项目开发思维，提升读者的综合应用能力。

天津滨海迅腾科技集团有限公司
2019 年 12 月

目 录

项目一　初识 TensorFlow

通过实现 Anaconda 安装 TensorFlow 环境,了解什么是人工智能,学习 TensorFlow CPU 的安装,掌握 TensorFlow 中依赖模块及模块的使用,具备在不同操作系统安装 TensorFlow 的能力。在任务实现过程中:

➤ 了解什么是人工智能;

➤ 学习 TensorFlow CPU 的安装;

➤ 掌握 TensorFlow 中依赖模块及模块的使用;

➤ 具备在不同操作系统安装 TensorFlow 的能力。

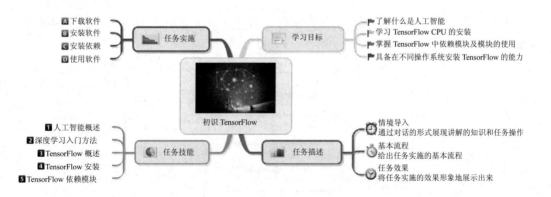

【情境导入】

【基本流程】

基本流程如图 1.1 所示,通过对流程图进行分析可以了解软件 Anaconda 的下载和环境配置。

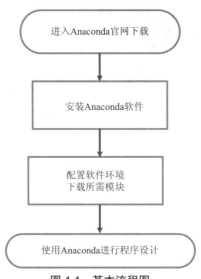

图 1.1　基本流程图

【任务效果】

通过本项目的学习，可以具备安装 Anaconda 软件及引入 TensorFlow 模块的能力，效果如图 1.2 所示。

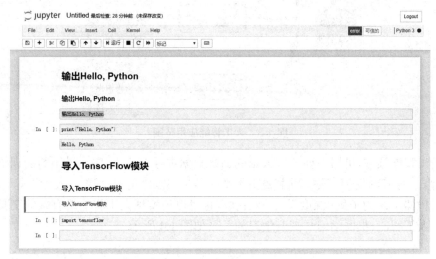

图 1.2　引入 TensorFlow 模块效果图

技能点 1　人工智能概述

人工智能火了，在世界范围内流行，其主要原因是在 2016 年 3 月，谷歌公司的 AlphaGo 向李世石（围棋九段大师）发起挑战，并以 4∶1 的总比分战胜了李世石，在 2016 年至 2017 年期间，横扫中日韩围棋高手，无一败绩，连续 60 局胜利，AlphaGo 的基础程序和推动力就是 Google 开源的机器学习和深度学习框架 TensorFlow。

1. 人工智能

什么是人工智能呢？人工智能是通过计算机来实现人的智能，比如围棋的人机对弈，让机器自己思考去下棋，模仿人类的学习能力、推导能力和知觉等，让计算机实现像人一样的思考。该领域主要研究机器人、图像识别、语音识别、自然语言处理等，具体应用领域如图 1.3 所示。

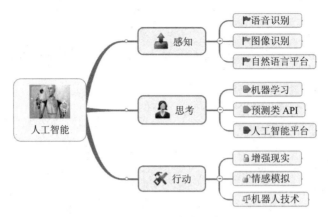

图 1.3　人工智能应用范围

　　在人工智能领域,机器主要通过大量的训练数据进行训练,程序通过不断的训练进行自我学习,修正对应的模型(该模型主要由参数组成),比如"用户画像""人脸"等,这个过程一般采用机器学习的子集(深度学习)来完成,也可以说实现人工智能最有效的工具就是深度学习。人工智能、机器学习与深度学习的关系如图 1.4 所示。

图 1.4　人工智能、机器学习和深度学习的关系示意

2. 机器学习

　　在人工智能领域,可以把机器学习理解为通过分析大量的数据进行学习,比如实现识别人脸,只需要使用图片进行训练,从而归纳出特定的目标。机器学习是人工智能领域用来进行算法分析的一种方式。机器学习逻辑如图 1.5 所示。

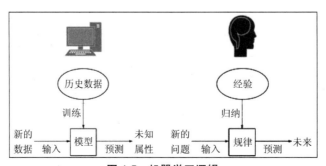

图 1.5　机器学习逻辑

机器学习的工作方式包含 6 个步骤,分别是选择数据、模型数据、验证模型、测试模型、使用模型和模型调优,具体流程及含义如图 1.6 所示。

图 1.6 机器学习工作方式

机器学习的核心是创造属于自己的算法,通过算法可以挖掘出有用的信息,机器学习常用的算法如图 1.7 所示。

图 1.7 机器学习常用的算法

3. 深度学习

深度学习是机器学习的子集,是一种对数据进行特征学习的方法,其基本特征是试图访问人脑的神经元之间传递和处理信息。深度学习的前身是人工神经网络,即神经网络。人工神经网络的设想源于对人类大脑的了解,包含输入层、输出层和隐藏层,其中输入层是输入训练的数据;输出层表示计算的结果;隐藏层由一个或者多个层组成,表示深度学习中的"深度"。人工神经网络模型如图 1.8 所示。

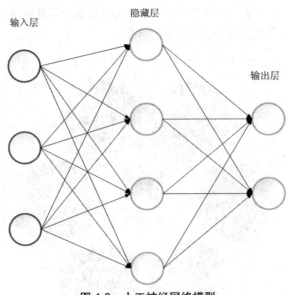

图 1.8　人工神经网络模型

人工神经网络的每一层都是由大量的神经元(节点)组成的,深度学习的目的是根据已知的数据学习一套模型,在系统遇到未知数据时作出预测,神经元应用在深度学习中常用的两个特征是损失函数和激活函数。

损失函数:用来定量评估在特定输入值下,计算输入值的真实值与输出结果的差距,之后不断对每一层的权重参数进行调整,从而输出最小的损失值。

激活函数:每个神经元通过该函数将原有的神经元输入做一个线性变换,输出到下一层神经元,该函数一般情况下是非线性函数。

技能点 2　深度学习入门方法

深度学习入门,需要拥有相关的算法知识(通过机器学习来了解算法知识)和大量的数据,还要有硬件作为支持,这样就可以着手学习深度学习。深度学习入门的步骤如图 1.9所示。

1. 数学知识储备

计算机能提供给人类的帮助只是计算,若想把计算机和人工智能结合,存在更多的是算法问题,深度学习的目标是训练出一个模型,并用这个模型进行一系列的预测,在这个训练过程中可以用数学函数表示。使用数学函数表示训练过程的步骤是"定义网络结构"→"设置优化目标",从而实现求解最优解的过程。

如同 IBM 的"深蓝",谷歌的 AlphaGo 等人工智能,给人们的印象是具有不可思议的智慧。这些人工智能能完成各种各样的难题,但深究其根本其实是在解决数学问题。想要解决各类数学问题就需要用到高等数学、线性代数、离散数学等知识。其涉及面非常广泛,这就需要进行一定量的数学知识储备。具体应用的数学知识如图 1.10 所示。

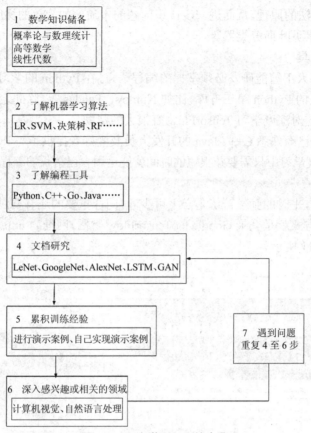

图 1.9　深度学习入门的步骤

图 1.10　人工智能应用的数学知识图

2. 了解机器学习算法

TensorFlow 将许多算法进行了封装,使用者只需要合理地调用就可以解决许多问题。

但我们需要掌握算法的原理,从而进一步认识问题的本质。如简单的梯度下降算法、最小二乘法,稍深入的朴素贝叶斯分类器等。

3. 了解编程工具

Python 是从事人工智能研发必须掌握的编程语言,在 Python 的学习过程中要重点掌握矩阵的操作及相关的 Python 第三方库,比如 Numpy、Pandas 等,除此之外还应掌握机器学习中相关的算法,这对深度学习 TensorFlow 有很大的帮助。

TensorFlow 为已经熟悉 C++、Java 的开发人员及爱好者提供了与 Python"平行语料库"的通信接口,在深度学习中只需要花很短的时间就能运用自己擅长的编程语言进行开发。

4. 文档研究

对于深度学习,平时的勤学苦练是必不可少的,同样重要的还有要对最新的研究成果保持关注,最简单的方式就是登录 Google 的 TensorFlow 官网,网址为 https://tensorflow.google.cn/,主界面如图 1.11 所示。

图 1.11　TensorFlow 官网主界面

TensorFlow 中文社区也是一个不错的选择,网址为 http://www.tensorfly.cn/,首页如图 1.12 所示。

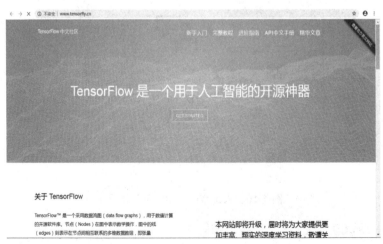

图 1.12　TensorFlow 中文社区首页

除此之外,建议读者平时可以在 GitHub 上阅读关于 TensorFlow 的内容,在阅读过程中会发现更多新的、流行的训练方法及模型,这对深度学习 TensorFlow 会有很大的帮助。

5. 累积训练经验

目前,人工智能深度学习推荐使用 TensorFlow 框架,该框架有强大的谷歌公司作为后盾,除此之外还拥有庞大的开发者群体,更新发布速度快,入门级别较低,这些是其他框架不能匹敌的。

选择好学习的框架后,还需要寻找与深度神经网络相关的案例(如训练图像分类、手写数字的数据集等),加强练习,从而对 TensorFlow 有更深一步的了解和掌握。

6. 深入感兴趣或相关的领域

人工智能应用的领域很多,可以深入研究一个领域,比如医学领域、淘宝穿衣领域、保险领域、机器人领域等,深入和人工智能相关的领域会对了解和掌握深度学习更上一层楼。

7. 在工作中遇到问题,重复 4 至 6 步

在使用 TensorFlow 训练过程中,汇总可能在识别速度、准确率方面遇到的一些问题。这个过程需要不断地优化、对行业或业务进行创新,从而调整模型、修改模型参数,使其更好地贴近业务需求。

技能点 3　TensorFlow 概述

1. TensorFlow 是什么

TensorFlow 是深度学习的重要框架,采用数据流图进行数值计算的开源软件库,是谷歌公司基于 DistBelief 进行研发的第二代人工智能学习系统,其命名来源于本身的运行原理。Tensor(张量)意味着 N 维数组,Flow(流)意味着基于数据流图的计算,主要应用于深度神经网络和机器学习方面的研究,它可以搭建自己的神经网络,类似于 Java 开发中的 SSH 三大框架、PHP 中的 ThinkPHP 框架、Python 中的 Tornado 框架等。框架的目的是能够在开发中高效、省时等,从而节省开发成本和使呈现出的模型简单易懂。开源框架 TensorFlow 的 Logo 如图 1.13 所示。

图 1.13　TensorFlow 的 Logo

2. 为什么学 TensorFlow

TensorFlow 框架和其他框架相比,在建模能力、模型部署、性能、架构、生态系统等多个方面都具有优势,具体优势如图 1.14 所示。通过对图 1.14 进行分析可知,TensorFlow 框架选择的语言是 Python(简单、易学、易懂),在建模中不管是(Convolutional Neural Networks,卷积神经网络 CNN)建模还是(Recurrent Neural Network,循环神经网络 RNN)建模都处于领先的地位,有助于进行图像识别、自然语言处理、语音识别、语义识别等研究。

	语言	教程和资源	CNN 建模能力	RNN 建模能力	架构	速度	多 GPU 支持	keras 兼容
Theano	Python、C++	++	++	++	+	++	+	+
TensorFlow	Python	+++	+++	++	+++	++	++	+
Torch	Lua、Python（new）	+	+++	++	++	+++	++	
Caffe	C++	+	++		+	+	+	
MXNet	Python、Scaia	++	++	+	++	++	+++	
Neon	Python	+	++	+	++	++	+	
CNTK	C++	+	+	+++	++	++	+	

图 1.14 TensorFlow 优势对比图

除此之外，TensorFlow 还支持异构设备分布式计算，从而可以有效地训练大量的数据模型，有完全独立的代码库，具有运行速度快、没有编译过程等优势，这也是 TensorFlow 流行程度比较高的原因，2018 年机器学习 GitHub 星数如图 1.15 所示。

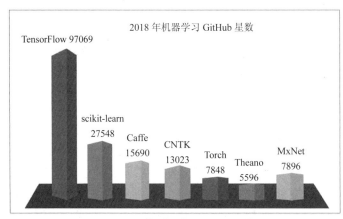

图 1.15 机器学习框架流行程度图

3. TensorFlow 的特点

TensorFlow 框架可以应用在人工智能的各个领域，其具有的特点如图 1.16 所示。

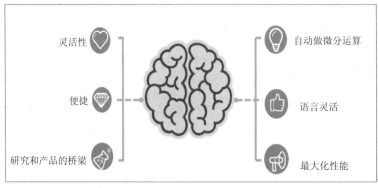

图 1.16 TensorFlow 特点

1）灵活性

TensorFlow 不仅可以用来做神经网络算法研究,也可以用来做普通的机器学习算法,甚至是只要能够把计算表示成数据流图,都可以用 TensorFlow。

2）便携

TensorFlow 可以部署在单 CPU、多 CPU、单 GPU、多 GPU、单机多 GPU、多机多 CPU、多机多 GPU、Android 手机等上,几乎涵盖各种场景的计算设备。

3）研究和产品的桥梁

在谷歌公司,研究科学家可以用 TensorFlow 研究新的算法,产品团队可以用它来训练实际的产品模型,更重要的是这样就更容易将研究成果转化到实际的产品中。另外谷歌公司在白皮书上说,几乎所有的产品都用到了 TensorFlow,比如搜索排序、语音识别、谷歌相册、自然语言处理等。

4）自动做微分运算

机器学习中的很多算法都用到了梯度,使用 TensorFlow 将自动求出梯度,只要定义好目标函数,增加数据即可。

5）语言灵活

TensorFlow 是用 C++ 实现的,然后用 Python 封装,现在还支持 Java 语言,谷歌公司号召社区通过 SWIG 开发更多的语言接口来支持 TensorFlow。

6）最大化性能

通过对线程、队列和异步计算的支持(first-class support), TensorFlow 可以运行在各种硬件上,同时根据计算的需要,将运算合理分配到相应的设备上,比如卷积就分配到 GPU 上。

技能点 4　TensorFlow 安装

TensorFlow 的安装相比其他深度学习的软件较容易,环境部署较轻松,同时 TensorFlow 针对不同的操作系统都给出了两种安装版本,分别为 CPU 版本和 GPU 版本。

1. Windows 操作系统下安装

Windows 是使用人数众多的系统, TensorFlow 能够在 Windows 系统下安装并运行,具体安装步骤如下。

第一步:检测在 Windows 系统下是否安装 Python 软件,如果计算机已安装该软件,打开 cmd, 输入 Python,会出现图 1.17 所示的效果;如果未安装,请在 Python 官网下载并安装(此处 Python 所用版本为 3.6.5)。

图 1.17　Python 安装成功效果图

第二步：安装 TensorFlow。

（1）安装 TensorFlow CPU 版本。安装 TensorFlow CPU 版本比较简单，以管理员的身份在命令提示符处输入以下命令再按 Enter 键，即可进行安装，效果如图 1.18 所示。

```
pip install --upgrade tensorflow
```

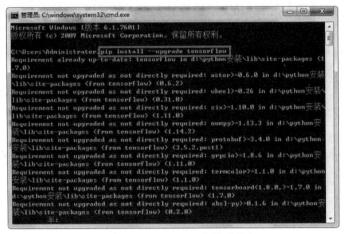

图 1.18　TensorFlow 安装过程图

如果想指定安装的版本，用下列命令。

```
pip install --upgrade tensorflow==XXX
```

其中，XXX 表示版本号。

（2）安装 TensorFlow GPU 版本。安装 TensorFlow GPU 版本需要满足一定的硬件条件，比如计算机 GPU 的品牌为 NVIDIA®，若不满足此条件，则只能安装 TensorFlow CPU 版本。在满足硬件条件的前提下，需要下载相关软件进行安装，具体如下。

① 下载并安装 CUDA 工具包 9.0 版本，下载地址为 https://developer.nvidia.com/cuda-downloads，官网界面效果如图 1.19 所示。

图 1.19　CUDA 官网界面效果图

② 下载并安装 cuDNN v7.0 版本，下载地址为 https://developer.nvidia.com/cudnn，官网界面效果如图 1.20 所示。

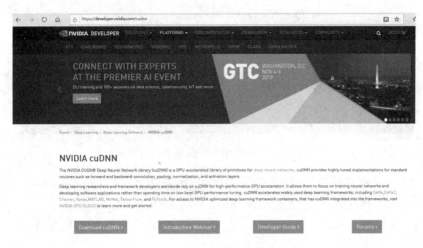

图 1.20　cuDNN 官网界面效果图

③配置 cuDNN 环境变量。将 cuDNN 的 bin 目录地址添加到 path 环境变量中。

④安装 TensorFlow GPU 版本，在命令提示符处输入以下命令再按 Enter 键，即可进行安装。

```
pip install --upgrade tensorflow-gpu
```

说明：当学会了 TensorFlow CPU 的安装之后，想要了解 GPU 版本安装吗？扫描图中二维码，跟我一起学习吧！

第三步：检查 TensorFlow 是否安装成功。

无论是安装 TensorFlow 哪个版本，都可以通过下面步骤检测其是否安装成功。

（1）打开命令输入框，输入 python，进入 Python 编辑区域，如图 1.21 所示。

图 1.21　Python 编辑区域

（2）通过输入 import tensorflow 引入 TensorFlow 模块，若出现图 1.22 所示效果，说明安装成功，就可以开始 TensorFlow 学习之旅了。

图 1.22　TensorFlow 安装成功效果图

2. Mac OS X 操作系统下安装(基于 VirtualEnv 安装)

在 Mac OS X 操作系统下安装 TensorFlow 步骤如下。

第一步：安装 VirtualEnv。VirtualEnv 是 Python 的沙箱工具，用来创建独立的 Python 环境，先使用 pip 安装 VirtualEnv，命令如下。

```
pip install virtualenv --upgrade
```

第二步：使用如下命令在 home 下创建一个 TensorFlow 文件夹。

```
virtualenv --system-site-packages ~/tensorflow
```

第三步：进入目录，并激活沙箱，命令如下。

```
cd ~/tensorflow
source bin/activate
```

第四步：安装 TensorFlow，命令如下。

```
pip install tensorflow
```

第五步：检测 TensorFlow 是否安装成功，命令如下。

```
import tensorflow
```

若没有任何错误，则显示安装成功。

3. Linux 操作系统下安装

Linux 操作系统有很多版本，此处主要介绍在 Ubuntu 系统下的 TensorFlow 安装，主要步骤如下。

第一步：打开 Terminal 窗口输入如下命令，更新 Python 版本。

```
sudo apt-get install Python-pip Python-dev
```

第二步：安装 TensorFlow，命令如下。

```
sudo pip install-upgrade tensorflow
```

技能点 5　TensorFlow 依赖模块

TensorFlow 在运行中需要做一些矩阵运算,处理音频和自然语言时要用到一些模块,建议一并安装好。

1. numpy

numpy 模块是高级工具的构建基础,是用来分析数据、处理大型矩阵和高性能科学计算的基础包,在使用过程中 numpy 模块比 Python 自身嵌套列表结构要高效。numpy 模块主要包括的功能如下:

（1）用于集成 C、C++ 等语言编码工具;

（2）拥有强大的数组对象;

（3）不需编写循环语句,可以对整组数据进行快速运算;

（4）可以操作内容映射文件;

（5）具有比较成熟的函数库。

使用 numpy 模块的安装命令如下。

```
pip install numpy
```

2. Jupyter

Jupyter Notebook 是一款用户可以创建和分享文档的开源 Web 应用,支持公式编写、Markdown 文档解析,从而可以通过浏览器创建和共享代码、文档、公式等,Jupyter 是一个基于 Tornado 框架的 Web 应用,使用消息队列（MQ）进行消息管理。使用 Jupyter 模块的安装命令如下。

```
pip install jupyter
```

打开 Jupyter Notebook,命令如下。

```
jupyter notebook
```

出现类似于如下的显示代码。

```
[I 21:14:25.613 NotebookApp] [nb_conda_kernels] enabled, 2 kernels found
[I 21:14:34.588 NotebookApp] [nb_conda] enabled
[I 21:14:36.149 NotebookApp] [nb_Anacondacloud] enabled
[I 21:14:37.525 NotebookApp] \u2713 nbpresent HTML export ENABLED
[W 21:14:37.526 NotebookApp] \u2717 nbpresent PDF export DISABLED: No module
                              named 'nbbrowserpdf'
[I 21:14:38.034 NotebookApp] Serving notebooks from local directory: D:\Documents
[I 21:14:38.035 NotebookApp] 0 active kernels
[I 21:14:38.035 NotebookApp] The Jupyter Notebook is running at:
```

> http://localhos t:8888/
>
> [I 21:14:38.035 NotebookApp] Use Control-C to stop this server and shut down all kernels (twice to skip confirmation).

此时，浏览器会自动打开，并启动成功，界面如图 1.23 所示。其中，扩展名为 ipynb 的文件可以自行在浏览器中打开和学习。

图 1.23   Jupyter 模块启动成功界面

3.scikit-image

scikit-image 是一个计算机视觉和图像处理的算法集合，这个模块和处理图像的 OpenCV 库类似，区别是 OpenCV 用来进行计算机视觉处理、图像处理及模式识别等，安装复杂，适用于数据量大的项目；scikit-image 相比而言更适合 TensorFlow 训练数据处理，可以使过滤一张图片变得很简单，非常适用于对图像进行预处理。scikit-image 模块的安装命令如下。

```
pip install scikit-image
```

4. Keras

Keras 是 TensorFlow 默认的高级神经网络框架，代码更新速度快，简单易懂，适用于新手使用。Keras 模块的安装命令如下。

```
pip install keras
```

5. TFLearn

TFLearn 是支持 TensorFlow 的第三方框架，它对 TensorFlow 模型进行封装，有利于提高神经网络的训练速度和节约训练时间。TFLearn 模块的安装命令如下。

```
pip install tflearn
```

说明：了解 OpenCV 和 scikit-image 的区别后，是否对 OpenCV 感兴趣呢？扫描图中二维码，会有意想不到的收获哦！

Anaconda 是一个开源的 Python 发行版本，其中包含了 conda、Python 等 180 多个科学包及其依赖项，并且内部集成了大量的科学包，如 iPython、iPython notebook、numpy 等，这样无须单独安装各种工具包，简单有效。

根据图 1.1 基本流程，通过下面 11 个步骤的操作，实现图 1.2 所示的成功安装 Anaconda 软件效果。

第一步：登录 Anaconda 官网（https://www.anaconda.com/download/），下载对应版本的 Anaconda，如图 1.24 所示。在 Anaconda 官网中支持 Windows、Mac OS 和 Linux 操作系统，可以下载 Python 2.7 version（32 bit 和 64 bit）和 Python 3.6 version（32 bit 和 64 bit）版本，若计算机上已经安装了 Python，安装 Anaconda 不会有任何影响。实际上，脚本和程序使用的默认 Python 是 Anaconda 附带的 Python，本书使用 Windows（Windows 7）操作系统下的 Python 3.6 version（64 bit）版本。

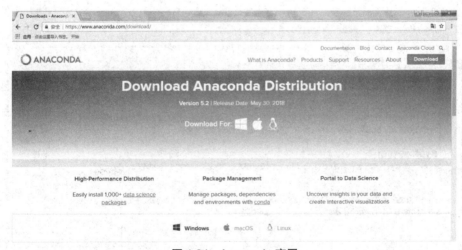

图 1.24　Anaconda 官网

第二步：对下载的 Anaconda 安装包进行安装，安装过程和大多数软件一样，非常简单，具体步骤如图 1.25 至图 1.32 所示。

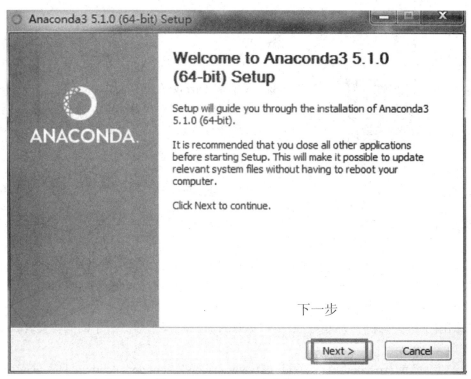

图 1.25　Anaconda 安装第一步

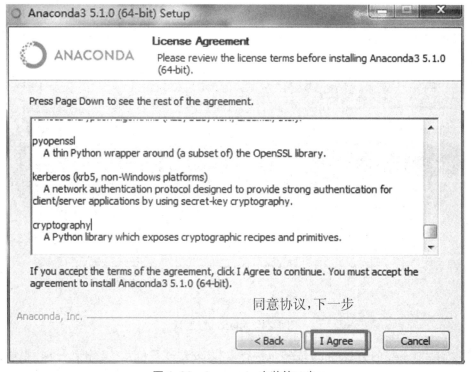

图 1.26　Anaconda 安装第二步

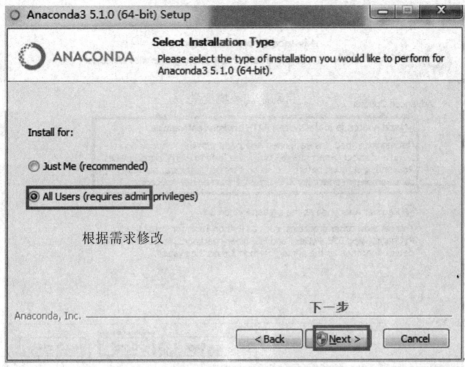

图 1.27 Anaconda 安装第三步

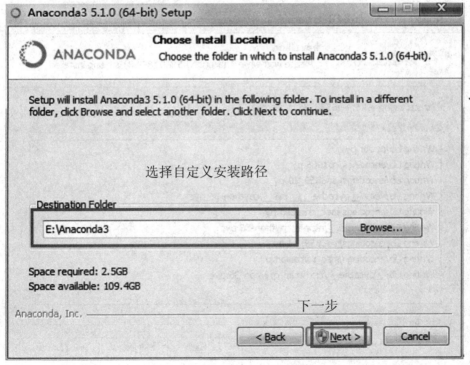

图 1.28 Anaconda 安装第四步

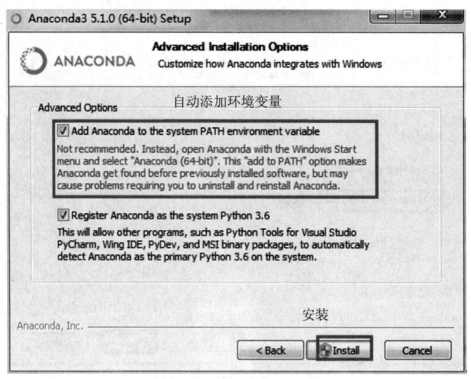

图 1.29　Anaconda 安装第五步

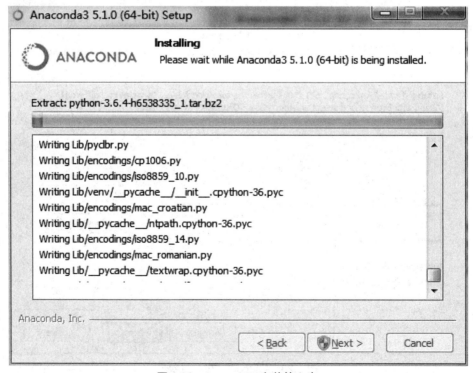

图 1.30　Anaconda 安装第六步

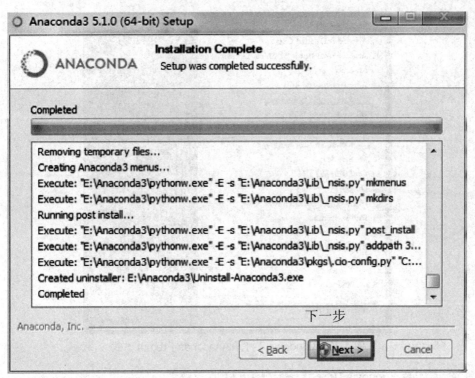

图 1.31　Anaconda 安装第七步

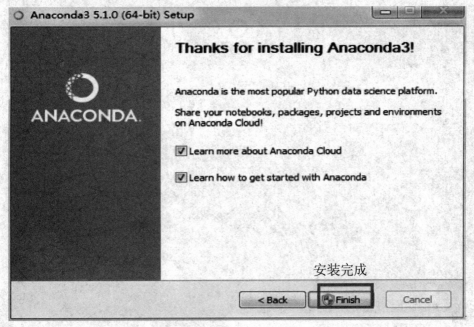

图 1.32　Anaconda 安装第八步

第三步：对安装好的 Anaconda 打开 Anaconda Prompt"终端"，如图 1.33 所示。

图 1.33　Windows 7 打开 Anaconda Prompt 方式

注意,若安装 Windows 10 系统,需按图 1.34 所示操作。

图 1.34　Windows 10 打开 Anaconda Prompt 方式

第四步:在命令提示符中输入 conda list,查看安装的内容,如图 1.35 所示。

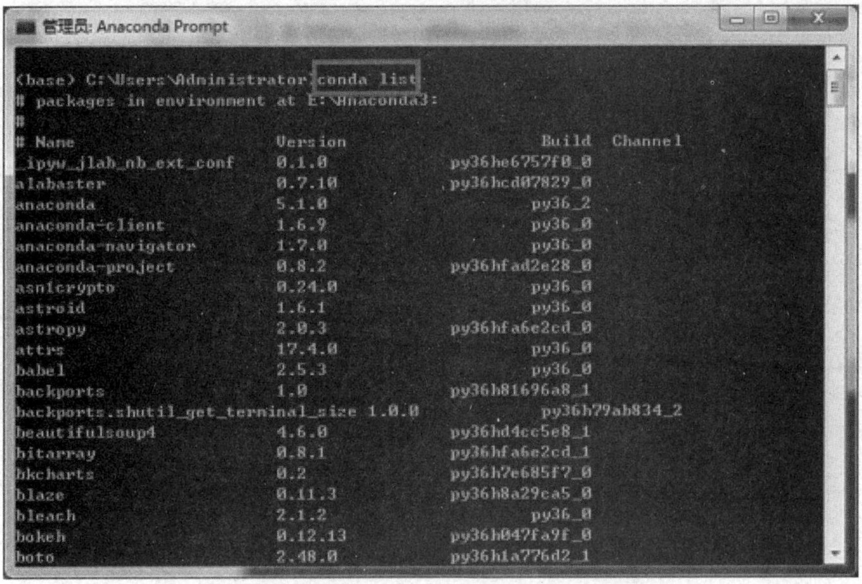

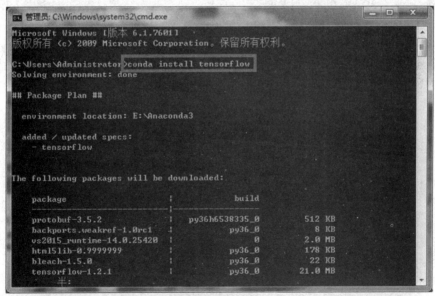

图 1.35　查看所有当前安装好的第三方库文件

第五步：为了避免后面使用时报错，需要先更新所有的包，在命令提示符中输入更新所有包的命令 conda upgrade --all。

第六步：在命令提示符中输入下载 TensorFlow 模块的命令 conda install tensorflow，如图1.36 所示。

图 1.36　安装 TensorFlow 库文件

第七步：conda 可以为不同的项目建立不同的运行环境，安装 nb_conda 用于 notebook自动关联 nb_conda 的环境，如图 1.37 所示。

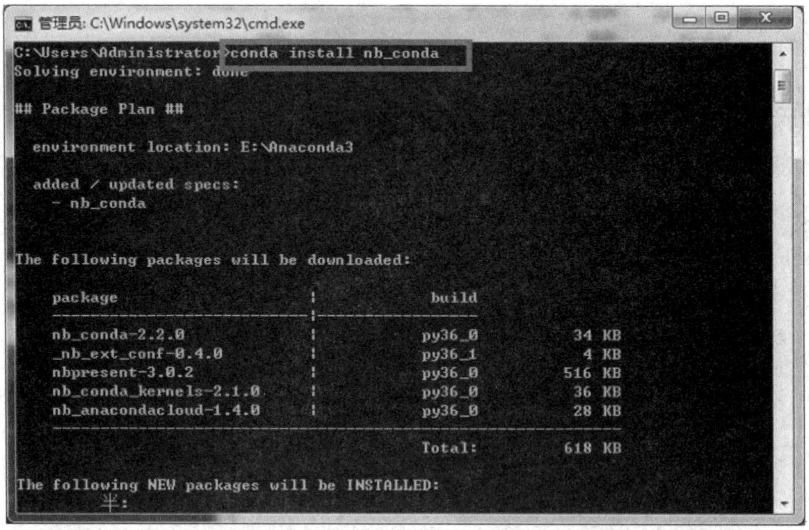

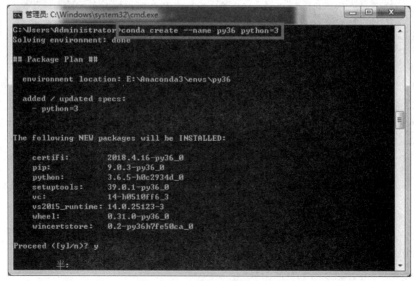

图 1.37 安装 nb_conda 用于 notebook 自动关联 nb_conda 的环境

第八步：创建环境，在命令提示符中输入 conda create -n env_name package_names，env_name 是设置环境的名称(-n 是指该命令后面的 env_name 需要创建环境的名称)，package_names 是需要安装在创建环境中的包名称。创建环境时，可以指定要安装在环境中的 Python 版本，这对同时使用 Python 2.x 和 Python 3.x 中的代码很有用。

例如创建环境名称为 py3，并安装最新版本的 Python3，在命令提示符中输入如下命令。

```
conda create –n（或 --name）py36 Python=3
```

例如创建环境名称为 py2，并安装最新版本的 Python2，在命令提示符中输入如下命令。

```
conda create -n（或 --name）py2 Python=2
```

创建环境如图 1.38 所示。

图 1.38 创建环境

第九步：进入环境，在 Windows 操作系统上，可以使用 activate py36 进入，在 OSX/Linux 操作系统上使用 source activate py36 进入，如图 1.39 所示。

图 1.39　进入环境

第十步：进入环境后，可以用 conda list 查看环境中默认安装的包，如图 1.40 所示。

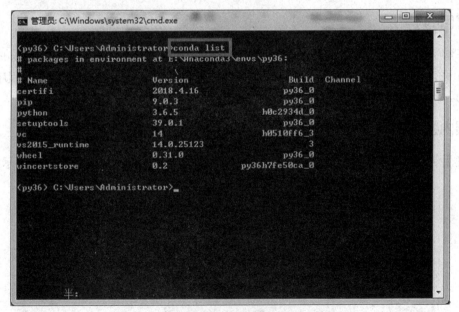

图 1.40　进入环境后查看环境中默认安装的包

第十一步：离开环境，在 Windows 操作系统上命令提示符中输入 deactivate，在 OSX/Linux 操作系统上输入 source deactivate，如图 1.41 所示。

图 1.41 离开环境

【拓展目的】

了解 Anaconda 软件的相关组件,掌握 Anaconda 软件的使用,学习使用 Anaconda 编写 Python 语言和导入基本的 Python 第三方库文件,具备使用 Anaconda 进行基础的程序编写的能力。

【拓展内容】

使用 Anaconda 软件中的 Jupyter 组件,进行 TensorFlow 简单尝试,如图 1.42 所示。

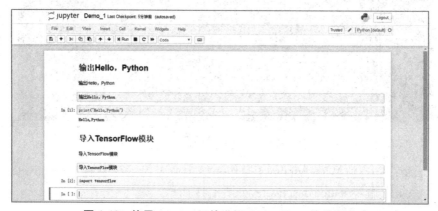

图 1.42 使用 Jupyter 组件进行 TensorFlow 简单尝试

【拓展步骤】

第一步：打开 Anaconda 软件，发现已经包含"jupyterlab""jupyter notebook""qtconsole""spyder"和"vscode"，如图 1.43 所示。

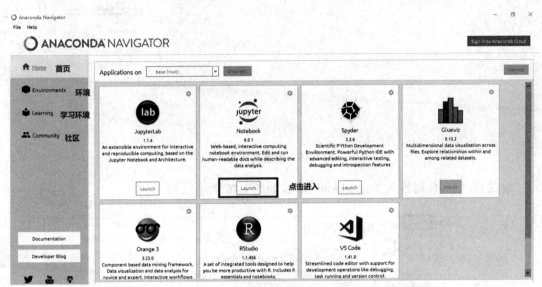

图 1.43 Anaconda 首页界面

第二步：打开 Jupyter，浏览器自动进入 Jupyter 主界面，如图 1.44 所示。

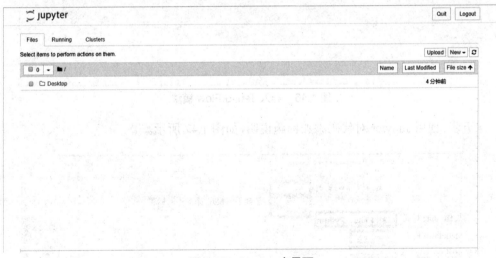

图 1.44 Jupyter 主界面

第三步：创建 Python 代码文件，在下拉选项中选择想启动的 notebook 类型，如图 1.45 所示。

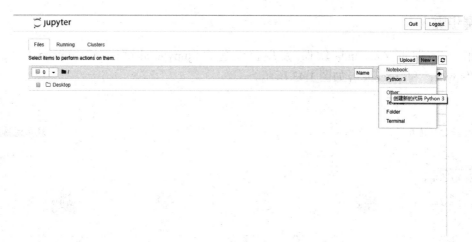

图 1.45　创建代码文件

第四步：编写代码导入 TensorFlow 模块，如图 1.46 所示。

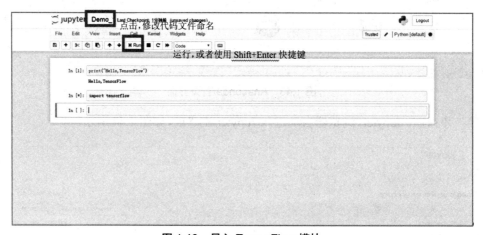

图 1.46　导入 TensorFlow 模块

第五步：使用 Jupyter 对代码添加标题说明，如图 1.47 所示。

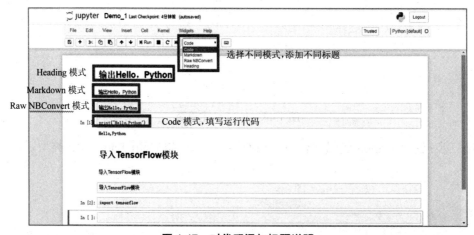

图 1.47　对代码添加标题说明

第六步:将代码保存为指定格式文件,如图 1.48 所示。

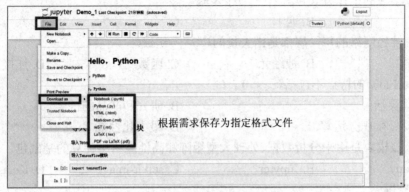

图 1.48　将代码保存为指定格式文件

　　本任务通过 Anaconda 安装 TensorFlow 环境的实现,对人工智能和深度学习有了初步了解,对 TensorFlow 的安装和依赖模块的使用有所了解并掌握,并能够通过所学 Tensor-Flow 安装和依赖模块的相关知识实现 Anaconda 安装 TensorFlow 环境。

artificial intelligence	人工智能
machine learning	机器学习
deep learning	深度学习
neural network	神经网络
algorithm	算法
install	安装
Central Processing Unit(CPU)	中央处理器
tensor	张量
Graphics Processing Unit(GPU)	图形处理器
flow	流

一、选择题

1. 人工智能领域的主要研究方向不包括(　　　)。

A. 机器人　　　　　　　B. 语音识别　　　　　　C. 图像识别　　　　　　D. 人脑活动

2. 机器学习的工作方式包含（　　　）个步骤。

A. 二　　　　　　　　　B. 四　　　　　　　　　C. 六　　　　　　　　　D. 八

3. 人工神经网络的每一层都是由大量的（　　　）组成。

A. 数据　　　　　　　　B. 神经元　　　　　　　C. 函数　　　　　　　　D. 连接点

4.TensorFlow 的特点不包括（　　　）。

A. 语言灵活　　　　　　　　　　　　　　　B. 研究和产品的桥梁

C. 自动做微积分运算　　　　　　　　　　　D. 最大化性能

5.（　　　）模块是用来分析数据、处理大型矩阵和高性能科学计算的基础包。

A. numpy　　　　　　　B. Jupyter　　　　　　C. scikit-image　　　　　D. Keras

二、填空题

1. 人工智能是通过 _____ 来实现人的智能。

2. 深度学习是机器学习的子集，是一种基于对数据进行 _____ 的方法。

3. 机器学习的核心是 _____ 。

4.TensorFlow 是深度学习的重要框架，是采用 _____ 用于数值计算的开源软件库。

5. 机器学习中的很多算法都用到了 _____ 。

三、上机题

Jupyter Notebook 是一个 Web 应用程序，便于创建和共享文学化程序文档，支持实时代码、数学方程、可视化和 markdown 等，支持运行 40 多种编程语言，也非常方便编写 TensorFlow 程序。请查找相关资料，首先安装 Python，然后使用 pip 的方式，安装 Jupyter Notebook 环境。

项目二　非线性回归

通过对 TensorFlow 基础架构相关知识的学习，了解非线性回归的运行原理，学习 TensorFlow 数据流图相关知识，掌握 TensorFlow 中张量、变量、会话和传入值的使用，具备使用 TensorFlow 非线性回归实现数据可视化的能力。在任务实现过程中：

> 了解非线性回归的运行原理；
> 学习 TensorFlow 数据流图相关知识；
> 掌握 TensorFlow 中张量、变量、会话和传入值的使用；
> 具备使用非线性回归实现数据可视化的能力。

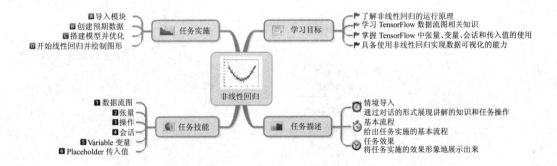

【情境导入】

【基本流程】

基本流程如图 2.1 所示,通过对流程图分析可以了解非线性回归神经网络的搭建原理。

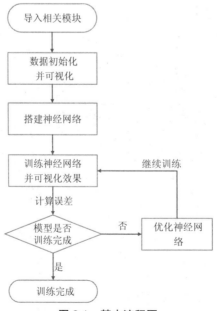

图 2.1　基本流程图

【任务效果】

通过本项目的学习,可以实现 TensorFlow 非线性回归数据可视化效果,其效果如图 2.2 所示。

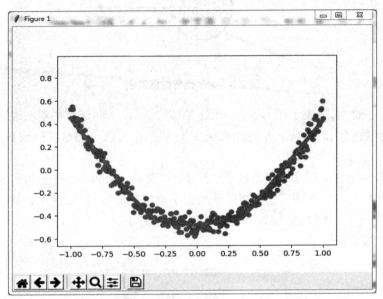

图 2.2　效果图

技能点 1　数据流图

1. 数据流图的定义

数据流图也称为计算图,在 TensorFlow 中数据流图是一组链接在一起的函数,是一种使用节点和线的有向图,主要功能是用来实现计算机中的算法,所有的计算都会转换为数据流图上的节点。数据流图由节点和线组成。

(1)节点(node):TensorFlow 数据流图中通常以圆圈、椭圆或方框表示节点(体现在 TensorBoard 可视化时,项目五会详细讲解),节点可以实现对数据的某种运算或操作。

(2)线(edge):TensorFlow 数据流图中通常以箭头表示线(体现在 TensorBoard 可视化时,项目五会详细讲解),线表示向节点传入和从节点传出的数值。

使用数据流图中的节点和线实现加法运算,如公式:

$$f(1,2)=1+2=3$$

在 TensorFlow 中使用加法运算数据流图效果如图 2.3 所示。

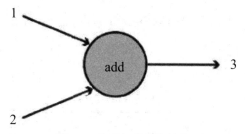

图 2.3　加法运算数据流图

由图 2.3 可知,圆圈表示运算函数,此处为加法函数,指向函数的箭头表示输入数值 1 和数值 2,从函数引出的箭头表示输出数值 3,运算结果可以传递给其他函数,也可将数值返回。

所有的 TensorFlow 程序均可通过图 2.3 的形式表示。TensorFlow 采用数据流图进行计算时,首先创建一个数据流图,之后将数据放置于数据流图中,最后进行数据计算。训练模型时 Tensor(数据)会不断地从数据流图中的一个节点 Flow(流动)到另一节点,神经网络的整体框架如图 2.4 所示。

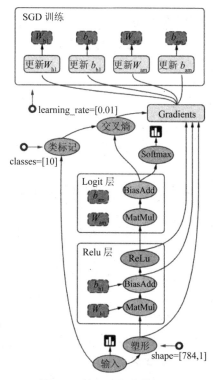

图 2.4　神经网络整体框架

2. 数据流图的使用

使用 TensorFlow 数据流图实现基本运算效果分为两个步骤:第一步是定义数据流图,第二步是运行数据流图。例如使用 TensorFlow 实现两个数字之间的基本运算,产生结果效果如图 2.5 所示。

```
Python 3.6.5 (v3.6.5:f59c0932b4, Mar 28 2018, 17:00:18) [MSC v.1900 64 bit (AMD6
4)] on win32
Type "copyright", "credits" or "license()" for more information.
>>>
============ RESTART: C:\Users\Administrator\Desktop\CORE0201.py ============
3
>>>
```

图 2.5　数据流图基本运算运行图

为实现图 2.5 效果,代码如 CORE0201 所示。

代码 CORE0201:数据流图基本运算

```python
# 导入 TensorFlow 库,命名为 tf
import tensorflow as tf
# 定义节点名为 "input_a" 的常量 a 值为 2,节点名为 "input_b" 的常量 b 值为 1
a = tf.constant(2, name="input_a")
b = tf.constant(1, name="input_b")
# 常量 a 和常量 b 进行除法运算,将值赋予节点名为 "div_c" 的 c 张量
c = tf.div(a,b, name="div_c")
# 常量 a 和常量 b 进行减法运算,将值赋予节点名为 "sub_d" 的 d 张量
d = tf. subtract(a,b, name="sub_d")
# 张量 c 和张量 d 进行加法运算,将值赋予节点名为 "add_e" 的 e 张量
e = tf.add(c,d, name="add_e")
# 创建会话
sess = tf.Session()
# 运行数据流图
print(sess.run(e))
# 关闭会话,释放资源
sess.close()
```

在 TensorFlow 程序中,会自动创建一个 Graph(数据流图)对象,并将其作为默认数据流图。大多数的 TensorFlow 程序,使用默认数据流图就足够,若需要定义多个相互之间不存在依赖关系的模型,则需要创建多个 Graph 对象。

(1)正确实践:忽略默认的数据流图,创建新的数据流图。

```python
import tensorflow as t
# 创建数据流图 g1、g2
g1=tf.Graph()
g2=tf.Graph()
with g1.as_default():
    # 数据流图 g1 代码块
with g2.as_default():
    # 数据流图 g2 代码块
```

（2）正确实践：获取默认数据流图的句柄。

```
import tensorflow as t
# 获取默认数据流图属性
g1=tf.get_default_graph()
# 创建数据流图 g2
g2=tf.Graph()
with g1.as_default():
    # 数据流图 g1 代码块
with g2.as_default():
    # 数据流图 g2 代码块
```

（3）错误实践：将数据的流图和用户创建的数据流图混合使用。

```
import tensorflow as t
# 创建数据流图 g1
g1=tf.Graph()
# 直接使用默认数据流图
... ...
with g1.as_default():
    # 数据流图 g1 代码块
```

技能点 2　张量

1. 张量的定义

在 TensorFlow 程序中，所有的数据都通过张量的形式来表示。那张量是什么？在 TensorFlow 中可以把一维数组、二维数组等 N 维数组理解成张量。张量可以在流程图节点之间相互流通。

一个张量中主要保存三个属性：名称（name）、维度（shape）和类型（type）。

（1）名称（name）：张量的唯一标识符，表示一个张量是如何计算出来的。

（2）维度（shape）：表示张量的维度信息，维度信息通过阶、形状和维数来表示，三者的关系如表 2.1 所示。

表 2.1　维度信息中关系表

阶	形状	维数
0	[ ]	0-D
1	[D0]	1-D
2	[D0, D1]	2-D

续表

阶	形状	维数
n	[D0, D1, ⋯ ,Dn]	n-D

（3）类型（type）：表示张量的数据类型。例如，"dtype=int32"代表张量 d 是 32 位有符号整数。TensorFlow 包含的常用数据类型如表 2.2 所示。

表 2.2　TensorFlow 常用数据类型

数据类型	Python 类型	描述
DT_FLOAT	tf.float32	32 位浮点数
DT_DOUBLE	tf.float64	64 位浮点数
DT_INT64	tf.int64	64 位有符号整型
DT_INT32	tf.int32	32 位有符号整型
DT_STRING	tf.string	可变长度的字节数组，每一个张量元素都是一个字节数组
DT_BOOL	tf.bool	布尔型
DT_UINT8	tf.uint8	8 位无符号整型

张量在 TensorFlow 中的实现并不是直接采用数组形式，它只是对 TensorFlow 中运算结果的引用。如图 2.6 所示，此时不再使用独立的输入节点，直接使用一个可接收一阶向量的节点，这样不仅简化数据流图的使用，而且数据流图可接收任意长度的向量，从而增强灵活性。

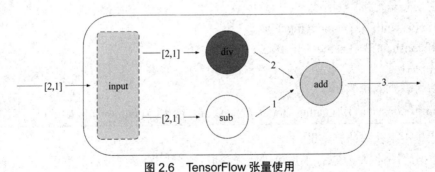

图 2.6　TensorFlow 张量使用

使用 TensorFlow 实现张量对运算结果的操作，效果如图 2.7 所示。

```
Python 3.6.5 (v3.6.5:f59c0932b4, Mar 28 2018, 17:00:18) [MSC v.1900 64 bit (AMD6
4)] on win32
Type "copyright", "credits" or "license()" for more information.
>>>
============== RESTART: C:\Users\Administrator\Desktop\Demo.py ==============
Tensor("add_d:0", shape=(), dtype=int32)
>>>
```

图 2.7　张量对运算结果的使用

为实现图 2.7 效果，代码如 CORE0202 所示。

代码 CORE0202：张量对运算结果的使用

```
import tensorflow as tf
# 定义一阶张量数值为 [2,1]
a=tf.constant([2,1],name="input_a")
# 张量相乘
b=tf.reduce_prod(a,name="prod_b")
# 张量相加
c=tf.reduce_sum(a,name="sum_c")
# 节点 b、节点 c 相加
d=tf.add(c,b,name="add_d")
# 输出张量 d 对运算结果的引用
print(d)
```

2. 张量的使用

在 TensorFlow 中，张量并没有真正保存数据，它保存的是如何得到这些数据的运算过程（没有计算结果）。张量的用途主要分为两类，即张量对中间计算结果的引用和当数据流图计算完成后张量可以用来获取计算结果。

1）张量对中间计算结果的引用

在构造深层网络时计算复杂性增大，数据流图中包括很多中间结果时，使用张量可以极大提升代码的可读性，代码如 CORE0203 所示。

代码 CORE0203：张量对中间计算结果的引用

```
import tensorflow as tf
# 使用张量记录中间结果
a=tf.constant([1,2],name="input_a")
b=tf.constant([3,4],name="input_b")
num=a+b
# 直接计算向量的和
num=tf.constant([1,2],name="input_a")+tf.constant([3,4],name="input_b")
```

2）张量用来获取计算结果

当数据流图计算完成后，张量可以用来获取计算结果，得到最后数据信息。虽然张量不存储具体数值，但是可以通过 Session 类（会话）得到具体数值，使用张量获取计算结果代码如下。

```
tf.Session().run(result)
```

技能点 3　操作

TensorFlow 的操作（Operation）简称为 Op，是一些对 Tensor 对象执行运算的节点，用来接收 Tensor 对象作为输入值，之后输出零个或多个 Tensor 对象。创建 Op 需要调用对应的构造方法，并传入正确的 Tensor 参数属性。定义 Op 的代码如 CORE0204 所示。

```
代码 CORE0204：定义 Op
import tensorflow as tf
import numpy as np
# 定义张量
a=np.array([1,2],dtype=np.int32)
b=np.array([3,4],dtype=np.int32)
# 使用 tf.add 定义 "add"Op 名称为 add_op
# 变量 c 为指向该 Op 输出的 Tensor 对象的句柄
c=tf.add(a,b,name="add_op")
```

TensorFlow 可以对常见数学运算符进行重载，使加法、减法、乘法、除法等常见操作更加简捷。张量重载一元运算符如表 2.3 所示，二元运算符如表 2.4 所示。

表 2.3　一元运算符

运算符	相关 TensorFlow 运算	描述
-x	tf.negative (x)	返回 x 中每个元素的相反数
~x	tf.logical_not(x)	返回 x 中每个元素的逻辑非，只适用于 dtype 为 tf.bool 的 Tensor 对象
abs(x)	tf.abs(x)	返回 x 中每个元素的绝对值

表 2.4　二元运算符

运算符	相关 TensorFlow 运算	描述
x+y	tf.add(x,y)	将 x 和 y 逐元素相加
x-y	tf.subtract (x,y)	将 x 和 y 逐元素相减
x*y	tf.multiply (x,y)	将 x 和 y 逐元素相乘
x/y(Python2.x)	tf.div(x,y)	给定整数张量时，执行逐元素的整数除法；给定浮点型张量时，执行浮点数（"真正的"）除法
x/y(Python3.x)	tf.truediv(x,y)	逐元素的浮点数除法（包括分子、分母为整数的情形）
x//y(Python3.x)	tf.floordiv(x,y)	逐元素的向下取整除法，不返回余数

续表

运算符	相关 TensorFlow 运算	描述
x%y	tf.mod(x,y)	逐元素取模
x**y	tf.pow(x,y)	逐一计算以 x 中的每个元素为底数，y 中相应元素为指数时的幂
x<y	tf.less(x,y)	逐元素地计算 x ＜ y 的真值表
x<=y	tf.less_equal(x,y)	逐元素地计算 x ≤ y 的真值表
x>y	tf.greater(x,y)	逐元素地计算 x ＞ y 的真值表
x>=y	tf.greater_equal(x,y)	逐元素地计算 x ≥ y 的真值表
x&y	tf.logical_and(x,y)	逐元素地计算 x & y 的真值表,每个元素的 dtype 属性必须为 tf.bool
x|y	tf.logical_or(x,y)	逐元素地计算 x|y 的真值表,每个元素的 dtype 属性必须为 tf.bool
x^y	tf.logical_xor(x,y)	逐元素地计算 x^y 的真值表,每个元素的 dtype 属性必须为 tf.bool

例如,按照以上方式实现张量加法运算:$c=a+b$,代替 c=tf.add(a,b)。

使用重置运算符可以快速对代码进行整合,需要注意随着 TensorFlow API 的升级,相关 TensorFlow 运算也在不断更新。

技能点 4   会话

TensorFlow 中 Session 类(会话)负责数据流图的运行,拥有并管理 TensorFlow 程序运行资源,当程序运行结束后需要关闭会话并回收资源,否则就会引起资源浪费、资源泄露等问题。tf.Session() 可接收三个可选参数,具体如下。

(1)"target"参数:表示所要使用的引擎。通常默认使用空字符串,在 TensorFlow 分布式时设置,该参数用于不同的 tf.train.Server 实例的连接。

(2)"graph"参数:表示在 Session 对象中加载的 Graph 对象。通常默认值为 None,使用当前默认的数据流图。

(3)"config"参数:表示配置 Session 对象的选项。例如, CPU 或 GPU 的设置、数据流图设置、优化参数等。

TensorFlow 使用会话有两种常用方式。

第一种方式直接调用会话生成函数和会话关闭函数,具体流程如下。

```
import tensorflow as tf
# 创建会话
```

```
sess=tf.Session()
# 运行会话得到计算结果
sess.run(…)
# 关闭会话,释放资源
sess.close()
```

第二种方式通过 Python 上下文管理器使用会话,可以解决异常退出导致资源泄露的问题。使用 Python 上下文管理器,需要将计算过程放在"with"内部,这样当程序离开"with"作用域后,会话将自动关闭,并释放资源。具体流程如下。

```
import tensorflow as tf
# 使用 Python 上下文管理器创建会话
with tf.Session() as sess:
# 运行会话
sess.run(…)
# 结果计算结束后无须使用 close() 函数关闭会话
# 当 Python 上下文管理器退出时自动关闭会话,释放资源
```

使用 tf.Session() 实现两种会话方式,效果如图 2.8 所示。

```
Python 3.6.5 (v3.6.5:f59c0932b4, Mar 28 2018, 17:00:18) [MSC v.1900 64 bit (AMD6
4)] on win32
Type "copyright", "credits" or "license()" for more information.
>>>
============== RESTART: C:\Users\Administrator\Desktop\Demo.py ==============
[[12]]
[[12]]
>>>
```

图 2.8 会话的两种使用方式

为实现两种会话方式,代码如 CORE0205 所示。

代码 CORE0205:两种会话方式的使用

```
import tensorflow as tf
# 创建两个常量
matrix1 = tf.constant([[3,3]])
matrix2 = tf.constant([[2],[2]])
# 矩阵相乘
product = tf.matmul(matrix1,matrix2)
# 方式一:直接明确调用会话生成函数和会话关闭函数
# 创建会话
sess = tf.Session()
# 运行会话
result = sess.run(product)
# 输出计算结果
```

```
print(result)
# 关闭会话,释放资源
sess.close()
# 方式二:通过 Python 上下文管理器使用会话
with tf.Session() as sess:
# 运行会话
result2 = sess.run(product)
# 输出计算结果
print(result2)
```

技能点 5　Variable 变量

在 TensorFlow 中 Tensor 对象和 Op 对象是不可变的,但是在机器学习中需要一种随时间不断更新保存数值的变量,此时就需要借助 Variable 类。Variable 变量的创建可通过 Variable 类的构造方法 tf.Variable() 完成,调用 tf.Variable() 时,有三个关键参数。

(1)"shape"参数:表示传入的 Tensor 对象的形状。

(2)"name"参数:表示变量名称,唯一标识符。

(3)"dtype"参数:表示变量数据类型。

Variable 变量创建代码如下。

```
import tensorflow as tf
# 创建变量
num1=tf.Variable(1,name="variable0")
#10 与 num1 相加
add=tf.add(10,num1)
#num1 与 8 相加
multiply=tf.multiply(8,num1)
```

Variable 变量可以在任意 Tensor 对象的 Op 中使用,并将当前数值传递给使用它的 Op。在训练神经网络时, Variable 变量的初始值通常是全零、全一或用随机数填充的阶数较高的张量,TensorFlow 中提供了许多辅助 Op,如 tf.zeros()、tf.ones()、tf.random_normal() 等,实现方式如下。

```
import tensorflow as tf
# 长度为 2、数值全为 0 的一阶张量
tf.zeros([2])
#3*3 数值全为 1 的二阶张量
tf.ones([3,3])
```

```
#4*4*4 的三阶张量,数值元素均值为 0.0、标准差 3.0 的正态分布
normal=tf.random_normal([4,4,4],mean=0.0,stddev=3.0)
#5*5*5 的三阶张量,数值元素从 0 到 5 均匀分布
uniform=tf.random_uniform([5,5,5],minval=0,maxval=5)
```

使用 Variable 变量时必须在会话中对其进行初始化操作,这样才能使会话对象开始追踪 Variable 对象的变化,具体实现如下。

```
#2017 年 3 月 2 日后 TensorFlow 版本升级,tensorflow >= 0.12
# 若使用旧版本,初始化变量方式
if int((tf.__version__).split('.')[1]) < 12 and int((tf.__version__).split('.')[0]) < 1:
    init = tf.initialize_all_variables()
# 若使用新版本,初始化变量方式
else:
    init = tf.global_variables_initializer()
# 创建会话
with tf.Session() as sess:
# 运行变量初始化语句
    sess.run(init)
```

使用 Variable 变量进行运算,效果如图 2.9 所示。

```
Python 3.6.5 (v3.6.5:f59c0932b4, Mar 28 2018, 17:00:18) [MSC v.1900 64 bit (AMD6
4)] on win32
Type "copyright", "credits" or "license()" for more information.
>>>
============== RESTART: C:\Users\Administrator\Desktop\Demo.py ==============
counter:0
1
2
3
>>>
```

图 2.9 变量相关操作

为实现图 2.9 效果,代码如 CORE0206 所示。

代码 CORE0206 :变量相关操作

```
import tensorflow as tf
# 创建变量
state = tf.Variable(0, name='counter')
# 输出变量名
print(state.name)
# 创建常量
one = tf.constant(1)
#state、one 加法运算
new_value = tf.add(state, one)
# 将 state 更新成 new_value
```

```
update = tf.assign(state, new_value)
#TensorFlow 新版初始化变量方式
if int((tf.__version__).split('.')[1]) < 12 and int((tf.__version__).split('.')[0]) < 1:
    init = tf.initialize_all_variables()
#TensorFlow 旧版初始化变量方式
else:
    init = tf.global_variables_initializer()
# 创建会话
with tf.Session() as sess:
# 运行变量初始化语句
    sess.run(init)
#for 循环
    for _ in range(3):
# 运行计算
        sess.run(update)
# 输出数值
        print(sess.run(state))
```

技能点 6　Placeholder 传入值

若希望从用户那里接收输入数据,对数据流图所描述的变换和不同类型的数值进行复用,就需要借助"Placeholder"(占位符),占位符创建时无须指定固定的数值,在运行程序时为某位 Tensor 对象预留位置,使用 tf.placeholder Op 可以创建占位符。调用 tf.placeholder( )时,dtype 参数必须指定,shape 参数为可选项。

(1)"dtype"参数:表示占位符数据类型,必须指定。

(2)"shape"参数:表示传入的 Tensor 对象的形状,默认为 None,表示可接收任意形状的 Tensor 对象。

使用 tf.placeholder Op 创建占位符的具体代码如下。

```
import tensorflow as tf
# 创建占位符,数据类型为 float32
num1 = tf.placeholder(tf.float32)
# 创建占位符,数据类型为 int32,形状为 2×2 的二阶张量,名称为 placeholder
num2 = tf.placeholder(tf.int32,shape=[2,2],name="placeholder")
```

为了给占位符传递数值,需要使用 Session.run() 中的 feed_dict 参数,效果如图 2.10 所示。

```
Python 3.6.5 (v3.6.5:f59c0932b4, Mar 28 2018, 17:00:18) [MSC v.1900 64 bit (AMD6
4)] on win32
Type "copyright", "credits" or "license()" for more information.
>>>
============== RESTART: C:\Users\Administrator\Desktop\Demo.py ==============
[63.]
>>>
```

图 2.10　占位符相关操作

为实现图 2.10 效果，代码如 CORE0207 所示。

代码 CORE0207：占位符相关操作

import tensorflow as tf
# 创建两个数据类型为 float32 的占位符 	
input1 = tf.placeholder(tf.float32)
input2 = tf.placeholder(tf.float32)
# 乘法运算 	
output = tf.multiply(input1, input2)
# 创建会话 	
with tf.Session() as sess:
# 运行会话，占位符传递数值，输出相乘结果 	
　　print(sess.run(output, feed_dict={input1: [7.], input2: [9.]}))

说明：想知道在 TensorFlow 中什么是必不可少的吗？扫描图中二维码，你将会得到答案，快来扫我吧！

根据图 2.1 基本流程，通过下面五个步骤的操作，实现图 2.2 所示的 TensorFlow 非线性回归效果。

第一步：导入"tensorflow"模块、"numpy"模块和"matplotlib"模块，"tensorflow"模块实现 TensorFlow API 调用，"numpy"模块实现科学计算，"matplotlib"模块实现图形绘制，代码如 CORE0208 所示。

代码 CORE0208：导入相关模块
import tensorflow as tf import numpy as np import matplotlib.pyplot as plt

第二步：创建预期数据，并可视化，代码如 CORE0209 所示，效果如图 2.11 所示。

代码 CORE0209：创建预期数据，并可视化

```
# 在 -1 到 1 之间创建 300 个数值
x_data = np.linspace(-1, 1, 300)[:, np.newaxis]
# 创建均值为 0，标准差为 0.05，数据形状和 x_data 张量相同
noise = np.random.normal(0, 0.05,x_data.shape)
# 创建非线性关系
y_data = np.square(x_data) - 0.5 + noise
# 绘制散点图
plt.scatter(x_data,y_data)
# 显示图形
plt.show()
```

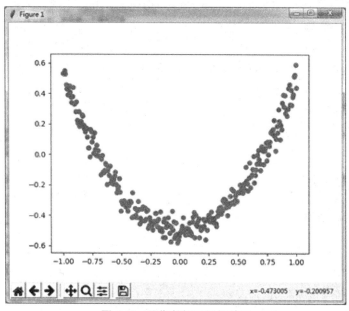

图 2.11　预期数据可视化效果

第三步：搭建模型，定义添加层，代码如 CORE0210 所示。

代码 CORE0210：搭建模型，定义添加层

```
# 定义添加层
def add_layer(inputs, in_size, out_size, activation_function=None):
# 设置权值
    Weights = tf.Variable(tf.random_normal([in_size, out_size]))
# 设置偏差
    biases = tf.Variable(tf.zeros([1, out_size]) + 0.1)
# 定义非线性关系
```

```
    Wx_plus_b = tf.matmul(inputs, Weights) + biases
# 判断是否使用激活函数
    if activation_function is None:
        outputs = Wx_plus_b
    else:
        outputs = activation_function(Wx_plus_b)
return outputs
# 创建占位符
xs = tf.placeholder(tf.float32, [None, 1])
ys = tf.placeholder(tf.float32, [None, 1])
# 添加隐藏层
l1 = add_layer(xs, 1, 10, activation_function=tf.nn.relu)
# 添加输出层
prediction = add_layer(l1, 10, 1, activation_function=None)
```

第四步：误差优化，计算实际非线性关系和预测非线性关系的误差，使用梯度下降法进行优化，代码如 CORE0211 所示。

代码 CORE0211：误差优化

```
# 计算误差
loss = tf.reduce_mean(tf.reduce_sum(tf.square(ys-prediction), reduction_indices=[1]))
# 梯度下降法优化更新
train_step = tf.train.GradientDescentOptimizer(0.1).minimize(loss)
```

第五步：开始非线性回归，实时更新图形，开始 1 000 次回归学习，代码如 CORE0212 所示，效果如图 2.2 所示。

代码 CORE0212：开始非线性回归，实时更新图形

```
# 创建会话
with tf.Session() as sess:
    # 根据版本选择变量初始化方式
    if int((tf.__version__).split('.')[1]) < 12 and int((tf.__version__).split('.')[0]) < 1:
        init = tf.initialize_all_variables()
    else:
        init = tf.global_variables_initializer()
    # 初始化变量
    sess.run(init)
    # 绘制创建数据的散点图
    fig = plt.figure()
    ax = fig.add_subplot(1,1,1)
```

```
    ax.scatter(x_data, y_data)
    # 连续显示
    plt.ion()
    # 显示图形
    plt.show()
    # 优化器优化 1000 次
    for i in range(1000):
        sess.run(train_step, feed_dict={xs: x_data, ys: y_data})
        if i % 50 == 0:
            # 删除上一次绘制的曲线
            try:
                ax.lines.remove(lines[0])
            except Exception:
                pass
            # 查看输出层数据
            prediction_value = sess.run(prediction, feed_dict={xs: x_data})
            # 绘图属性设置
            lines = ax.plot(x_data, prediction_value, 'r-', lw=5)
            # 延时 0.1s
            plt.pause(1)
```

至此 TensorFlow 非线性回归完成。

【拓展目的】

熟练运用 TensorFlow 相关组件,掌握 TensorFlow 神经网络搭建技巧。

【拓展内容】

使用本项目介绍的技术和方法,导入 matplotlib 模块实时将误差显示在图形界面上,并且优化神经网络代码,提高计算速度,效果如图 2.12 所示。

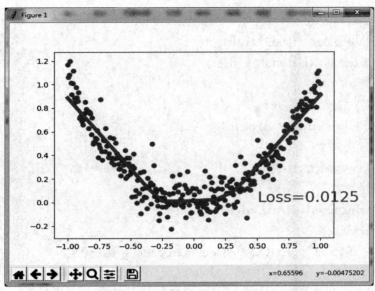

图 2.12 非线性回归效果图

【拓展步骤】

1. 设计思路

使用 matplotlib 模块中 text() 方法将误差数值实时显示在图形界面上，修改算法优化添加层。

2. 对程序进行修改

示例代码如 CORE0213 所示

```
代码 CORE0213：非线性回归算法优化
# 导入相关模块
import tensorflow as tf
import matplotlib.pyplot as plt
import numpy as np
# 创建预期数据
# 在 -1 到 1 之间平分截取 300 个点
x = np.linspace(-1, 1, 300)[:, np.newaxis]
# 高斯分布概率密度函数
noise = np.random.normal(0, 0.1, size=x.shape)
# 创建非线性关系
y = np.power(x, 2) + noise
# 散点图
plt.scatter(x, y)
# 显示图形
plt.show()
```

```python
# 创建占位符输入数据
tf_x = tf.placeholder(tf.float32, x.shape)
tf_y = tf.placeholder(tf.float32, y.shape)
# 全连接层
# 无界函数，归一化识别高频特征
l1 = tf.layers.dense(tf_x, 10, tf.nn.relu)
# 输出层
output = tf.layers.dense(l1, 1)
# 计算误差
loss = tf.losses.mean_squared_error(tf_y, output)
# 梯度下降法优化
optimizer = tf.train.GradientDescentOptimizer(learning_rate=0.5)
# 优化器更新
train_op = optimizer.minimize(loss)
# 创建会话
with tf.Session() as sess :
    # 根据版本选择变量初始化方式
    if int((tf.__version__).split('.')[1]) < 12 and int((tf.__version__).split('.')[0]) < 1:
        init = tf.initialize_all_variables()
    else:
        init = tf.global_variables_initializer()
    # 初始化变量
    sess.run(init)
    # 打开交互模式动态绘图需要
    plt.ion()
    # 优化 100 次
    for step in range(100):
        _, pred,l  = sess.run([train_op,output , loss], {tf_x: x, tf_y: y})
        if step % 5 == 0:
            # 清除上次绘图
            plt.cla()
            # 绘制散点图
            plt.scatter(x, y)
            # 绘制曲线图
            plt.plot(x, pred, 'r-', lw=5)
            # 显示误差率
            plt.text(0.5, 0, 'Loss=%.4f ' % l, fontdict={'size': 20, 'color': 'red'})
            # 延时 0.1s
```

```
                plt.pause(0.1)
# 显示前关闭交互模式
plt.ioff()
# 显示图形
plt.show()
```

经过算法优化，TensorFlow 线性回归项目计算速度得到极大提升，只需优化 100 次就达到 98% 以上的准确率。

本任务通过搭建神经网络实现非线性回归，对 TensorFlow 的计算流程、实现原理有了初步了解，对 TensorFlow 数据流图、变量、会话和传入值有所了解并掌握，能够通过所学 TensorFlow 非线性回归知识作出数据可视化的效果。

nonlinear regression	非线性回归	node	节点
edge	线	operation	操作
session	会话	variable	变量
placeholder	占位符	loss	损失
optimization method	优化方法		

一、选择题

1. 使用 TensorFlow 数据流图实现基本运算效果分为（　　）个步骤。

A. 一　　　　　　　B. 二　　　　　　　C. 三　　　　　　　D. 四

2. 一个张量中主要保存的属性不包括（　　）。

A. 名称（name）　　B. 维度（shape）　　C. 类型（type）　　D. 数量（number）

3. TensorFlow 使用会话有（　　）种常用方式。

A. 一　　　　　　　B. 二　　　　　　　C. 三　　　　　　　D. 四

4. 调用 tf.placeholder() 时，（　　）参数必须指定。

A. dtype　　　　　　B. shape　　　　　　C. target　　　　　　D. config

5. 为了给占位符传递数值，需要使用 Session.run() 中的（　　）参数。

A. string　　　　　　B. close　　　　　　C. feed_dict　　　　　D. graph

二、填空题

1. 数据流图由 _____ 和 _____ 组成。

2. 根据 TensorFlow 神经网络总体框架可知:流程图之间通过 _____ 与 _____ 进行连接,并存在一定的关系。

3. 在 TensorFlow 程序中,会自动创建一个 _____ 对象,并将其作为默认数据流图。

4. 在 TensorFlow 程序中,所有的数据都通过 _____ 的形式来表示。

5. 使用 Variable 变量时必须在会话中对其进行 _____ 操作。

三、上机题

结合本项目所学技能点,使用 TensotFlow 创建 sin 正弦数据,搭建神经网络进行拟合学习,并且训练过程实时更新可视化显示。

项目三　机器学习

通过实现全连接神经网络简单的 MNIST 数字识别效果,了解机器学习相关知识,学习神经网络训练方法,掌握简单神经网络的搭建和使用,具备使用优化方法加速神经网络训练的能力。在任务实现过程中:

➢ 了解机器学习相关知识;

➢ 学习神经网络训练方法;

➢ 掌握全连接神经网络的搭建和使用;

➢ 具有使用优化方法加速神经网络训练的能力。

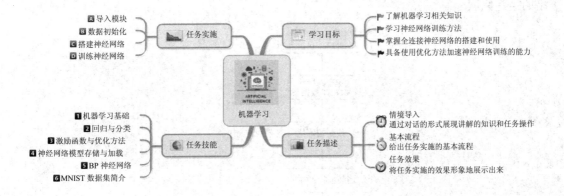

【情境导入】

【基本流程】

基本流程如图 3.1 所示,通过对流程图分析可以了解 MNIST 数据集相关知识和神经网络的搭建原理。

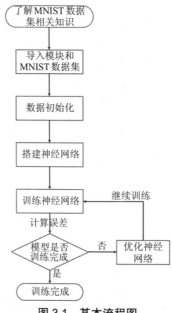

图 3.1　基本流程图

【任务效果】

通过本项目的学习，可以实现 TensorFlow 全连接神经网络简单的 MNIST 数字识别，其效果如图 3.2 所示。

```
Extracting MNIST_data\train-images-idx3-ubyte.gz
Extracting MNIST_data\train-labels-idx1-ubyte.gz
Extracting MNIST_data\t10k-images-idx3-ubyte.gz
Extracting MNIST_data\t10k-labels-idx1-ubyte.gz
(55000, 784) (55000, 10)
(10000, 784) (10000, 10)
(5000, 784) (5000, 10)
Iter 0,Testing Accuracy 0.8339
Iter 1,Testing Accuracy 0.8711
Iter 2,Testing Accuracy 0.8807
Iter 3,Testing Accuracy 0.8886
Iter 4,Testing Accuracy 0.8934
Iter 5,Testing Accuracy 0.8972
Iter 6,Testing Accuracy 0.9005
Iter 7,Testing Accuracy 0.9016
Iter 8,Testing Accuracy 0.9032
Iter 9,Testing Accuracy 0.9055
Iter 10,Testing Accuracy 0.9058
Iter 11,Testing Accuracy 0.9075
Iter 12,Testing Accuracy 0.9085
Iter 13,Testing Accuracy 0.9093
Iter 14,Testing Accuracy 0.9103
Iter 15,Testing Accuracy 0.9103
Iter 16,Testing Accuracy 0.9114
Iter 17,Testing Accuracy 0.9123
Iter 18,Testing Accuracy 0.9127
Iter 19,Testing Accuracy 0.9132
Iter 20,Testing Accuracy 0.9137
```

图 3.2　MNIST 数字识别训练过程

技能点 1　机器学习基础

随着网络的普及和发展，各种智能设备的出现和应用，使数据的收集变成现实，同时随着计算机软硬件升级，计算机的计算能力得到极大提高，如何从海量数据中提取有价值的信息成为当今非常重要的课题，机器学习就是从无序数据中提取出有价值的信息的工具。

在人工智能发展初期，主要通过制定手写规则解决问题。以垃圾邮件检测为例，当邮件中出现了指定的某些词语、链接、图片等信息时，它有可能是垃圾邮件。这些手写规则可以在一定程度上检测到垃圾邮件，但是随着规则的增多，检测系统也会变得复杂。此时如何自动地从数据的某些特征中学习它们之间的关系成为解决问题的根本方法。

机器学习就是从数据中学习和提取有价值的信息，不断提升机器的性能，收集到的数据称为训练数据，机器学习的基本工作是学习训练数据的规则，利用学习到的规则预测数据，实现分析处理功能。

实现机器学习的方法称为算法,机器学习算法可以分为 5 类,如图 3.3 所示。

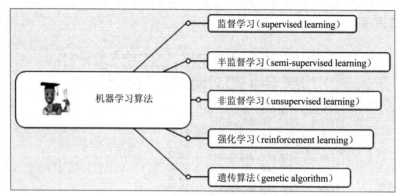

图 3.3　机器学习算法分类

1. 监督学习

监督学习是指已知样本的结果(比如考试答案、生产结果等),使其达到所要求性能或结果的过程。监督学习的主要任务是通过标记的训练数据来推断一个其中对应的功能。监督学习的训练数据包括类别信息(数据标签和特征),如在垃圾邮件检测中,训练样本包括邮件的类别信息:垃圾邮件和非垃圾邮件。

在监督学习中样本结果或目标变量是通过人来制定的样本结果或目标定义的好坏直接影响模型的预测结果。监督学习的具体过程如图 3.4 所示。

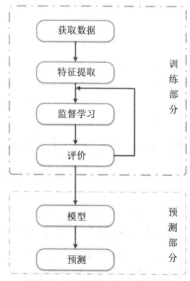

图 3.4　监督学习的具体过程

监督学习首先获取带有属性值的样本,然后对样本进行预处理,过滤数据中的杂质,保留其中有用的信息,这个过程就是数据特征提取,接着通过监督学习算法进行训练得到样本标签之前的假设函数,并用得到的假设函数对新数据进行预测评估。通过评估,可以了解所训练的模型在训练集之外的推广能力,一种常见的方法是将原始数据集一分为二:将 70%

的样本用于训练,其余 30% 的样本用于预测评估。

使用监督学习的步骤如下。

第一步:定义问题。

所谓定义问题,就是定义监督学习汇总预测的样本结果或目标变量,清楚预测样本的结果和目标变量分别是什么。在监督学习中如果获取样本的目标变量,则样本称为训练样本,否则称为预测样本。

第二步:准备数据。

明确样本结果和目标变量之后,需要确定预测对象变量名称、目标变量名称及对应的变量类型等数据。通过这些数据,监督学习能够对原始数据进行清洗加工和处理,以方便算法建模。

提示:变量常见的类型有数值型、因子型、文本型和时间型。

常用的数据处理包括缺失值填充、样本选择、降维、统计分析等。

第三步:算法调优。

数据处理完成后,确定模型需要良好的算法及参数,此时需要对算法进行调优。监督学习中分类算法和回归算法是最重要的两类算法:分类算法中的标签值是离散的,如广告点击问题中的标签为 $\{+1, -1\}$,分别表示广告的点击和未点击;回归算法的标签值是连续的,如股票价格预测,利用股票历史价格预测未来股票价格。

第四步:效果分析。

使用算法进行调优之后可以尝试建立模型,可以通过算法中相关的指标进行效果分析。

第五步:模型部署。

根据数据的存储环境及业务环境等进行合理的模型部署。

2. 半监督学习

半监督学习的训练数据一部分有标记,另一部分没有标记,而没标记数据的数量通常大于有标记数据的数量。数据的分布并不是完全随机的,而是通过结合有标记数据的局部特征以及大量没标记数据的整体分布,可以得到较好的训练结果。

3. 非监督学习

非监督学习也称为无监督学习,其样本中只含有特征,不包含标签信息,因此在训练时并不知道分类的结果是否正确。聚类算法是非监督学习中最典型的一种算法,聚类算法利用样本特征将具有相似特征的样本划分到同一个类别,并不关心这个类别具体是什么。

4. 强化学习

强化学习类似于非监督学习,同样没有标记,但有一个延迟奖赏与训练相关,通过学习过程中的激励函数获得某种从状态到行动的映射。强化学习一般用在游戏、下棋等需要连续决策的领域,Google AlphaGo 就是使用强化学习算法。

5. 遗传算法

遗传算法属于进化算法的一种,最初是借鉴进化生物学中遗传、突变、自然选择以及杂交等现象而发展起来的。在遗传算法中,通过编码组成初始群体后,遗传操作的任务就是对群体的个体按照它们对环境的适应度(适应度评估)施加一定的操作,从而实现优胜劣汰的进化过程。从优化搜索的角度而言,遗产操作可使问题的解一代代地优化,并逼近最优化。

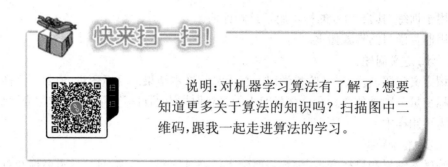

说明：对机器学习算法有了解了，想要知道更多关于算法的知识吗？扫描图中二维码，跟我一起走进算法的学习。

技能点 2　回归与分类

1. 回归

在监督学习中，回归是一种线性模型，主要用来表示因变量和自变量为线性关系，回归主要分为线性回归和非线性回归两种建模。回归分析的具体内容如下：

（1）建立数学模型并估计未知参数也称最小二乘法；

（2）通过所需要的结果对过程进行分析；

（3）分析关系式的可信任程度；

（4）判断自变量的影响。

通常，回归表示已知因变量和自变量，确定变量之间的关系，并建立模型，然后根据实际测量的数据分析出模型的参数。设置数据点集合作为训练集，回归的任务是找到一个与这些数据最为吻合的线性函数，在 2D 数据情况下，线性回归模型对应一条直线，效果如图 3.5 所示。非线性回归模型对应一条曲线，效果如图 3.6 所示，图中的点表示训练数据，直线表示模型的推断结果。

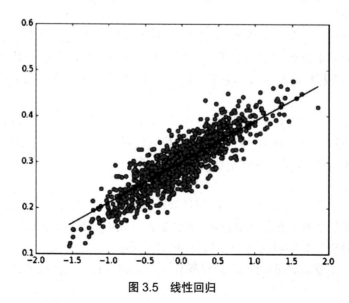

图 3.5　线性回归

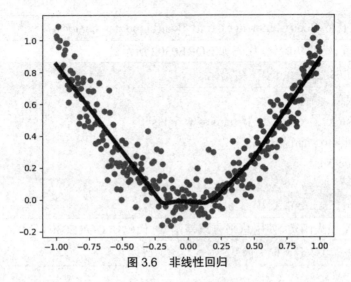

图 3.6　非线性回归

使用回归模型训练实际数据,使用一个将年龄、体重(单位: kg)和血液脂肪含量关联的数据集进行训练,发现损失函数的值随训练步数的增加呈现逐渐减小的趋势,效果如图 3.7 所示。

```
Epoch: 0  loss:  1230281.8
Epoch: 1000  loss:  47094.402
Epoch: 2000  loss:  47081.83
Epoch: 3000  loss:  47069.75
Epoch: 4000  loss:  47057.688
Epoch: 5000  loss:  47045.66
Epoch: 6000  loss:  47033.69
Epoch: 7000  loss:  47021.74
Epoch: 8000  loss:  47009.824
Epoch: 9000  loss:  46997.938
Final model W= [[1.2922349]
 [5.5893784]] b= 1.1374356
```

图 3.7　非线性回归

使用回归算法实现图 3.7 效果,具体步骤如下。

第一步:数据预处理,由于数据集规模较小,直接以张量的形式嵌入在代码中,代码如 CORE0301 所示。

代码 CORE0301:数据预处理

# 输入数据集 	
def inputs():
# 年龄 	
weight_age = [[84, 46], [73, 20], [65, 52], [70, 30], [76, 57], [69, 25], [63, 28], [72, 36], [79, 57], [75, 44], [27, 24], [89, 31], [65, 52], [57, 23], [59, 60], [69, 48], [60, 34], [79, 51], [75, 50], [82, 34], [59, 46], [67, 23], [85, 37], [55, 40], [63, 30]]
# 血脂含量 	
blood_fat_content = [354, 190, 405, 263, 451, 302, 288, 385, 402, 365, 209, 290, 346, 254, 395, 434, 220, 374, 308, 220, 311, 181, 274, 303, 244]

```
        return tf.to_float(weight_age), tf.to_float(blood_fat_content)
```

第二步：变量、模型初始化，代码如 CORE0302 所示。

代码 CORE0302：变量、模型初始化

```
# 初始化权值、偏置值
W = tf.Variable(tf.zeros([2, 1]), name="weights")
b = tf.Variable(0., name="bias")
def inference(X):
# 构建线性模型 y=W*X+b
    return tf.matmul(X, W) + b
```

第三步：定义损失函数，使用总平方误差函数，代码如 CORE0303 所示。

代码 CORE0303：定义损失函数

```
def loss(X, Y):
    Y_predicted = tf.transpose(inference(X))
    return tf.reduce_sum(tf.squared_difference(Y, Y_predicted))
```

拓展：总平方误差函数即线性模型对每个训练样本的预测值与期望输出之差的平方的总和，这种损失函数也称为 L2 范数或 L2 损失函数。之所以采用平方，是为了避免计算平方根，对于计算最小化损失，有无平方并无本质区别，但可以节省一定的计算量。

第四步：定义优化函数，使用梯度下降法进行优化，代码如 CORE0304 所示。

代码 CORE0304：定义优化函数

```
def train(total_loss):
# 设置学习率
learning_rate = 0.000001
# 梯度下降法
    return tf.train.GradientDescentOptimizer(learning_rate).minimize(total_loss)
```

第五步：定义评估函数，对训练模型进行评估，代码如 CORE0305 所示。

代码 CORE0305：定义评估函数

```
def evaluate(sess, X, Y):
    # 测试训练集
    # 计算年龄 34 岁，体重 70kg 的血液脂肪含量
    print (sess.run(inference([[70., 34.]])))
    # 计算年龄 46 岁，体重 50kg 的血液脂肪含量
    print (sess.run(inference([[50., 46.]])))
    # 计算年龄 56 岁，体重 90kg 的血液脂肪含量
    print (sess.run(inference([[90., 56.]])))
    # 计算年龄 60 岁，体重 100kg 的血液脂肪含量
    print (sess.run(inference([[100., 60.]])))
```

第六步：训练数据集模型，代码如 CORE0306 所示。

```
代码 CORE0306：训练数据集模型

# 创建会话
with tf.Session() as sess:
    # 变量初始化
    tf.global_variables_initializer().run()
    # 获取 weight_age 和 blood_fat_content
    X, Y = inputs()
    # 获取误差
    total_loss = loss(X, Y)
    # 优化训练
    train_op = train(total_loss)
    # 训练次数
    training_steps = 10000
    for step in range(training_steps):
        sess.run([train_op])
        if step % 1000 == 0:
            print ("Epoch:", step, "loss:", sess.run(total_loss))
    # 进行评估
    print ("Final model W=", sess.run(W), "b=", sess.run(b))
```

2. 分类

回归模型所预测的是连续数值，如果想预测离散数值怎么办呢？此时采用分类模型。分类模型主要包括单分类和多分类，单分类可对 Yes-No 型问题的回答进行建模，比如"你喜欢周杰伦吗？"单分类通常使用 logistic 函数（对数概率回归函数）。

如图 3.8 所示，由于 logistic 函数的外形与字母 S 相似，也称之为 sigmoid 函数。

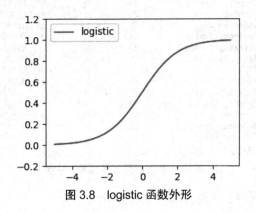

图 3.8　logistic 函数外形

logistic 函数是一个概率分布函数，给定数值输入，该函数将计算输出为"success"的概率。

多分类可以回答具有多个选项的问题,比如"你最喜欢的明星是周杰伦、陈奕迅还是林俊杰?"多分类通常使用 softmax 函数,它是对数概率回归在 N 个不同的可能值上的推广。

softmax 函数的返回值为含 N 个分量的概率向量,每个分量对应一个输出类别的概率,N 个分量之和始终为 1。softmax 函数要求每个样本必须属于某个输出类别,且所有可能的样本均被覆盖,若类别总数为 2,得到的输出概率和对数概率回归模型的输出相同。若各分量之和小于 1,则意味着存在一些隐藏的类别;若各分量之和大于 1,则说明每个样本可能同时属于多个类别。

使用分类模型训练实际数据,使用 Kaggle 竞赛数据集(泰坦尼克号数据集)(https://www.kaggle.com/c/titanic/data),依据乘客的年龄、性别和船票的等级推断乘客存活率。得到的准确率约为 58%,效果如图 3.9 所示。

图 3.9　泰坦尼克号准确率预测

使用分类算法预测泰坦尼克号存活率,实现步骤如下。

第一步:下载并分析数据集的特征,部分数据集如图 3.10 所示。

Passenger	Survived	Pclass	Name	Sex	Age	SibSp	Parch	Ticket	Fare	Cabin	Embarked
1	0	3	Braund, M	male	22	1	0	A/5 21171	7.25		S
2	1	1	Cumings,	female	38	1	0	PC 17599	71.2833	C85	C
3	1	3	Heikkiner	female	26	0	0	STON/O2.	7.925		S
4	1	1	Futrelle,	female	35	1	0	113803	53.1	C123	S
5	0	3	Allen, Mr	male	35	0	0	373450	8.05		S
6	0	3	Moran, Mr	male		0	0	330877	8.4583		Q
7	0	1	McCarthy,	male	54	0	0	17463	51.8625	E46	S
8	0	3	Palsson,	male	2	3	1	349909	21.075		S
9	1	3	Johnson,	female	27	0	2	347742	11.1333		S
10	1	2	Nasser, M	female	14	1	0	237736	30.0708		C
11	1	3	Sandstro	female	4	1	1	PP 9549	16.7	G6	S
12	1	1	Bonnell,	female	58	0	0	113783	26.55	C103	S
13	0	3	Saunderc	male	20	0	0	A/5. 2151	8.05		S
14	0	3	Andersson	male	39	1	5	347082	31.275		S
15	0	3	Vestrom,	female	14	0	0	350406	7.8542		S
16	1	2	Hewlett,	female	55	0	0	248706	16		S
17	0	3	Rice, Mas	male	2	4	1	382652	29.125		Q
18	1	2	Williams,	male		0	0	244373	13		S
19	0	3	Vander Pl	female	31	1	0	345763	18		S
20	1	3	Masselman	female		0	0	2649	7.225		C
21	0	2	Fynney, M	male	35	0	0	239865	26		S
22	1	2	Beesley,	male	34	0	0	248698	13	D56	S
23	1	3	McGowan,	female	15	0	0	330923	8.0292		Q
24	1	1	Sloper, M	male	28	0	0	113788	35.5	A6	S
25	0	3	Palsson,	female	8	3	1	349909	21.075		S

图 3.10　泰坦尼克号数据集(部分)

观察数据集发现共有 12 项内容,如表 3.1 所示。

表 3.1 数据集属性表

属性	描述
PassengerId	ID 号
Survived	是否存活，0= 否，1= 是
Pclass	票类，分为上 =1、中 =2、下 =3 三等
Name	姓名
Sex	性别
Age	年龄
SibSp	家庭关系，泰坦尼克号上的兄弟姐妹 / 配偶
Parch	泰坦尼克号上的父母 / 孩子数量，若孩子只带着保姆旅行，值为 0
Ticket	票号
Fare	乘客票价
Cabin	客舱号码
Embarked	登船港口，C= 瑟堡，Q= 皇后镇，S= 南安普敦

第二步：加载解析数据集，代码如 CORE0307 所示。

代码 CORE0307：加载解析数据集

```
def read_csv(batch_size, file_name, record_defaults):
    # 数据集路径
    filename_queue = tf.train.string_input_producer([os.path.join(os.getcwd(),
                file_name)])
    # 读取数据
    reader = tf.TextLineReader(skip_header_lines=1)
    key, value = reader.read(filename_queue)
    #decode_csv 会将字符串文本行转换到具有指定默认值的由张量列构成的元组
    # 中，并为每一列设置数据类型
    decoded = tf.decode_csv(value, record_defaults=record_defaults)
    return tf.train.shuffle_batch(decoded,
                                batch_size=batch_size,
                                capacity=batch_size * 50,
                                min_after_dequeue=batch_size)
```

第三步：数据预处理，在数据集中船票等级和性别都属于字符串特征，它们的取值都来自一个预定义的集合。为了在推断模型中使用这些数据，需要将其转换为数值型特征。最简单的方式就是为每个可能的取值分配一个数值。比如用"1"代表一等船票，用"2"和"3"分别代表二、三等船票，但这种方式会为这些取值强加一种实际并不存在的线性关系，并不能说"三等票是一等票的 3 倍"。正确的做法是将每个属性特征扩展为 N 维的布尔型特征，每个可能的取值对应一维,若具备该属性,则相应的维度上取值为 1,这样就可使模型独立地学习到每个可能的取值的重要性,代码如 CORE0308 所示。

代码 CORE0308:数据预处理

```
def inputs():
    # 读取数据
    passenger_id, survived, pclass, name, sex, age, sibsp, parch, ticket, fare, cabin,
embarked = \
        read_csv(100, "train.csv", [[0.0], [0.0], [0], [" "], [" "], [0.0], [0.0], [0.0], [" "],
[0.0], [" "], [" "]])
    # 转换属性数据,转换为布尔型
    # 使用 tf.equal 方法检查属性值与某些常量值是否相等
    # 利用 tf.to_float 方法将布尔值转换成数值以进行推断
    is_first_class = tf.to_float(tf.equal(pclass, [1]))
    is_second_class = tf.to_float(tf.equal(pclass, [2]))
    is_third_class = tf.to_float(tf.equal(pclass, [3]))
    gender = tf.to_float(tf.equal(sex, ["female"]))
    # 最终将所有特征排列在一个矩阵中,对矩阵进行转置
    # 使其每行对应一个样本,每列对应一种特征
    # tf.stack 方法将所有布尔值打包到单个张量中
    features = tf.transpose(tf.stack([is_first_class, is_second_class, is_third_class,
                            gender, age]))
    survived = tf.reshape(survived, [100, 1])
    return features, survived
```

第四步:变量、模型初始化,代码如 CORE0309 所示。

代码 CORE0309:变量、模型初始化

```
# 变量初始化
W = tf.Variable(tf.zeros([5, 1]), name="weights")
b = tf.Variable(0., name="bias")
# 模型初始化,创建线性关系
def combine_inputs(X):
    return tf.matmul(X, W) + b
```

第五步:创建损失函数、优化函数和评估函数,代码如 CORE0310 所示。

代码 CORE0310:创建损失函数、优化函数和评估函数

```
# 损失函数
def loss(X, Y):
    return tf.reduce_mean(tf.nn.softmax_cross_entropy_with_logits
```

```
                    (logits=combine_inputs(X),labels =Y))
# 优化函数
def train(total_loss):
    # 设置学习率
    learning_rate = 0.01
    # 梯度下降法优化
    return tf.train.GradientDescentOptimizer(learning_rate).minimize(total_loss)
#sigmoid 分类,Success 获得概率
def inference(X):
    return tf.sigmoid(combine_inputs(X))
# 评估函数
def evaluate(sess, X, Y):
# 若某个样本对应的输出大于 0.5(Success>50%),则将输出转换为一个正的回答
    predicted = tf.cast(inference(X) > 0.5, tf.float32)
    # 使用 tf.equal 比较预测结果与实际值是否相等
    # 使用 tf.reduce_mean 统计所有正确预测的样本数,
    # 并除以该批次中的样本总数,从而得到正确的预测所占的百分比
    print (sess.run(tf.reduce_mean(tf.cast(tf.equal(predicted, Y), tf.float32))))
```

第六步:遍历训练数据集,代码如 CORE0311 所示。

代码 CORE0311:遍历训练数据集

```
# 创建会话
with tf.Session() as sess:
    # 变量初始化
    tf.global_variables_initializer().run()
    # 获取数据
    X, Y = inputs()
    # 计算损失
    total_loss = loss(X, Y)
    # 训练数据
    train_op = train(total_loss)
    # 遍历 1000 次
    training_steps = 1000
    for step in range(training_steps):
        sess.run([train_op])
        # 每隔 10 次输出误差
        if step % 10 == 0:
            print ("loss: ", sess.run([total_loss]))
```

```
# 评估训练模型
evaluate(sess, X, Y)
```

技能点 3　激励函数与优化方法

1. 激励函数

训练神经网络的过程中,并不是所有的数据都是线性关系,神经网络能解决非线性问题(如语音、图像识别),就是依靠激活函数弥补线性模型表达力的不足,进行非线性因素处理,并将"激活的神经元的特征"通过函数保留并映射到下一层。TensorFlow 中有许多激活函数,它们定义在 tensorflow-1.1.0/tensorflow/python/ops/nn.py 文件中,激活函数的输入为需要计算的张量,输出和输入的数据类型和维度是相同的,常见的激活函数有 sigmoid、tanh、relu、softplus 和 dropout,具体如表 3.2 所示。

表 3.2　激活函数

函数	描述
tf.nn.sigmoid()	神经元的非线性作用函数,把数据归一化,有利于训练,产生结果
tf.nn.tanh()	双曲正切函数,与 tf.nn.sigmoid() 非常接近,主要区别在于值域的不同
tf.nn.relu()	无界函数,归一化识别高频特征,通常用于卷积神经网络
tf.nn.softplus()	用于激活函数
tf.nn.dropout()	防止过拟合,用来舍弃某些神经元

1)sigmoid 函数

sigmoid 函数输出映射在(0,1)内,单调连续,适合用于输出层。

使用 TensorFlow 可视化 sigmoid 函数,效果如图 3.11 所示。

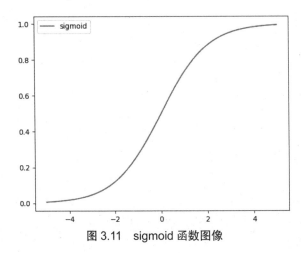

图 3.11　sigmoid 函数图像

TensorFlow 实现图 3.11 效果，代码如 CORE0312 所示。

```
代码 CORE0312：可视化 sigmoid 函数
import tensorflow as tf
import numpy as np
import matplotlib.pyplot as plt
#-5 到 5 之间，平均分隔 200 个数值点
x = np.linspace(-5, 5, 200)
#sigmoid 函数
y_sigmoid = tf.nn.sigmoid(x)
# 创建会话
with tf.Session() as sess:
    # 运行会话，获取数值
    y_sigmoid= sess.run(y_sigmoid)
    # 绘制图形，设置为红色，标签名称为 sigmoid
    plt.plot(x, y_sigmoid, c='red', label='sigmoid')
    # 标签位置设置为自适应模式
    plt.legend(loc='best')
    # 显示图形
    plt.show()
```

2）tanh 函数

tanh 函数的输出以 0 为中心，收敛速度比 sigmoid 函数快，但是 tanh 函数仍然具有软饱和性，无法解决梯度消失的问题，tanh 函数公式如下：

$$\tan h(x)=\frac{\sin hx}{\cos hx}=\frac{e^{x}-e^{-x}}{e^{x}+e^{-x}}=\frac{1-e^{-2x}}{1+e^{-2^{x}}}$$

使用 TensorFlow 可视化 tanh 函数，效果如图 3.12 所示。

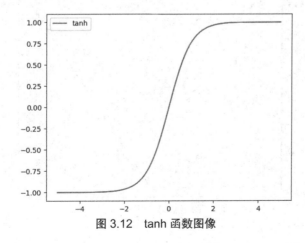

图 3.12　tanh 函数图像

TensorFlow 实现图 3.12 效果，代码如 CORE0313 所示。

代码 CORE0313：可视化 tanh 函数

```
import tensorflow as tf
import numpy as np
import matplotlib.pyplot as plt
#-5 到 5 之间, 平均分隔 200 个数值点
x = np.linspace(-5, 5, 200)
#tanh 函数
y_tanh = tf.nn.tanh(x)
# 创建会话
with tf.Session() as sess:
    # 运行会话, 获取数值
    y_tanh= sess.run(y_tanh)
    # 绘制图形, 设置为红色, 标签名称为 tanh
    plt.plot(x, y_tanh, c='red', label='tanh')
    # 标签位置设置为自适应模式
    plt.legend(loc='best')
    # 显示图形
    plt.show()
```

3）relu 函数

relu 函数是目前最受欢迎的激活函数，relu 函数在 $x<0$ 时处于硬饱和状态；$x>0$ 时导数为 1，relu 函数能够保持梯度不衰减，从而缓解梯度消失问题，还能够更快地收敛，并提供了神经网络的稀疏表达能力。但是随着训练的进行，部分输入会落到硬饱和区，导致对应的权重无法更新，称为"神经元死亡"。

使用 TensorFlow 可视化 relu 函数，效果如图 3.13 所示。

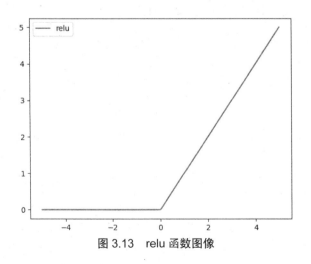

图 3.13　relu 函数图像

TensorFlow 实现图 3.13 效果，代码如 CORE0314 所示。

代码 CORE0314：可视化 relu 函数

```
import tensorflow as tf
import numpy as np
import matplotlib.pyplot as plt
#-5 到 5 之间，平均分隔 200 个数值点
x = np.linspace(-5, 5, 200)
#relu 函数
y_relu = tf.nn.relu(x)
# 创建会话
with tf.Session() as sess:
    # 运行会话，获取数值
    y_relu= sess.run(y_relu)
    # 绘制图形，设置为红色，标签名称为 relu
    plt.plot(x, y_relu, c='red', label='relu')
    # 标签位置设置为自适应模式
    plt.legend(loc='best')
    # 显示图形
    plt.show()
```

4）softplus 函数

softplus 函数可以看作是 relu 函数的平滑版本。

使用 TensorFlow 可视化 softplus 函数，效果如图 3.14 所示。

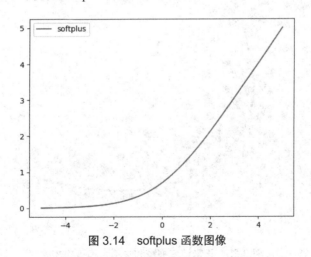

图 3.14　softplus 函数图像

TensorFlow 实现图 3.14 效果，代码如 CORE0315 所示。

代码 CORE0315：可视化 softplus 函数

```
import tensorflow as tf
import numpy as np
```

```
import matplotlib.pyplot as plt
#-5 到 5 之间,平均分隔 200 个数值点
x = np.linspace(-5, 5, 200)
#softplus 函数
y_softplus = tf.nn.softplus(x)
# 创建会话
with tf.Session() as scss:
    # 运行会话,获取数值
    y_softplus= sess.run(y_softplus)
    # 绘制图形,设置为红色,标签名称为 softplus
    plt.plot(x, y_softplus, c='red', label='softplus')
    # 标签位置设置为自适应模式
    plt.legend(loc='best')
    # 显示图形
    plt.show()
```

5）dropout 函数

在训练神经网络时,过度拟合是常见问题。如图 3.15 所示,黑色曲线是正常训练模型,灰色曲线是过拟合模型,虽然灰色曲线精准无误地区分了所有的数据,但是缺乏对数据整体特征的描述,当应用到新的测试数据时适应性较差。

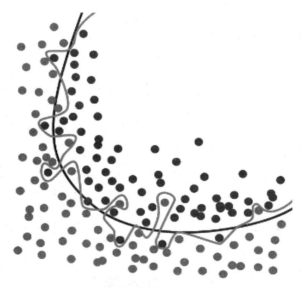

图 3.15　正常训练模型和过拟合模型比较

dropout 函数可以实现抑制过拟合的功能,在训练神经网络时用概率 p 决定神经元是否被抑制,若被抑制,该神经元输出为 0,若不被抑制,那么神经元的输出值会被放大为原来的 $1/p$ 倍。

dropout 函数基本使用,效果如图 3.16 所示。

```
[4 4]
[[  0.   0.   0.   8.]
 [  0.  12.  14.   0.]
 [  0.   0.   0.   0.]
 [ 26.  28.   0.   0.]]
[[  2.   4.   6.   8.]
 [  0.   0.   0.   0.]
 [ 18.  20.  22.  24.]
 [  0.   0.   0.   0.]]
[[  2.   0.   0.   0.]
 [ 10.   0.   0.   0.]
 [ 18.   0.   0.   0.]
 [ 26.   0.   0.   0.]]]
```

图 3.16　dropout 函数抑制过拟合

TensorFlow 实现图 3.16 效果，代码如 CORE0316 所示。

代码 CORE0316：dropout 函数使用

```
import tensorflow as tf
# 在默认情况下，每个神经元是否被抑制是相互独立的
a = tf.constant([[-1.0, 2.0, 3.0, 4.0]])
with tf.Session() as sess:
    # 是否被抑制也可以通过 noise_shape 调节
    sess.run(tf.global_variables_initializer())
    d = tf.constant([[1.,2.,3.,4.],[5.,6.,7.,8.],[9.,10.,11.,12.],[13.,14.,15.,16.]])
    print(sess.run(tf.shape(d)))
    # 由于 [4,4] == [4,4] 行和列分别独立
    dropout_a44 = tf.nn.dropout(d, 0.5, noise_shape = [4,4])
    result_dropout_a44 = sess.run(dropout_a44)
    print(result_dropout_a44)
    #noise_shpae[0]=4 == tf.shape(d)[0]=4
    #noise_shpae[1]=4 != tf.shape(d)[1]=1
    # 所以 [0] 即行独立，[1] 即列相关，每个行同为 0 或同不为 0
    dropout_a41 = tf.nn.dropout(d, 0.5, noise_shape = [4,1])
    result_dropout_a41 = sess.run(dropout_a41)
    print(result_dropout_a41)
    #noise_shpae[0]=1 ！= tf.shape(d)[0]=4
    #noise_shpae[1]=4 == tf.shape(d)[1]=4
    # 所以 [1] 即列独立，[0] 即行相关，每个列同为 0 或同不为 0
    dropout_a24 = tf.nn.dropout(d, 0.5, noise_shape = [1,4])
    result_dropout_a24 = sess.run(dropout_a24)
    print(result_dropout_a24)
```

设计神经网络层时，若只有两三层，对于隐藏层，可以使用任意的激励函数，进行非线性处理。当设计多层神经网络时，就不可以随意使用激励函数，这会导致梯度消失或梯度爆

炸。在卷积神经网络中,通常使用 relu 激励函数;在循环神经网络中,通常使用 relu 激励函数或者是 tanh 激励函数,也可以自己创建激励函数,需要确保激励函数是可微分的,在误差反向传递时,只有可微分的激励函数才可以将误差传递回去。

2. 优化方法

优化方法可以加速神经网络训练,目前加速神经网络训练的优化方法基本都是基于梯度下降的,只是在细节上有所区别。TensorFlow 提供多种优化器,常见的优化器如表 3.3 所示。

表 3.3　常见优化器

优化器	对应优化方法	描述
tf.train.Gradient-DescentOptimizer	梯度下降法(BGD 和 SGD)	梯度下降法,主要分为随机梯度下降法和批梯度下降法
tf.train.AdagradOptimizer 和 tf.train.AdagradDAOptimizer	Adagrad 优化方法	可以实现学习率的自动更改,能够自适应地为各个参数分配不同学习率,控制每个维度的梯度方向
tf.train.AdadeltaOptimizer	Adadelta 优化方法	用一阶的方法,近似模拟二阶牛顿法,解决了 Adagrad 优化方法学习率单调递减和需要手动设置全局初始学习率的问题
tf.train.MomentumOptimizer	Momentum 优化方法	面对小而连续的梯度并且含有很多干扰时,可以很好地加速学习
tf.train.AdamOptimizer	Adam 优化方法	根据损失函数针对每个参数的梯度的一阶矩估计和二阶矩估计动态调整每个参数的学习率

这五种优化器分别对应六种优化方法:GradientDescentOptimizer 优化器对应梯度下降法(BGD 和 SGD)、AdagradOptimizer 优化器和 AdagradDAOptimizer 优化器对应 Adagrad 优化方法、AdadeltaOptimizer 优化器对应 Adadelta 优化方法、MomentumOptimizer 优化器对应 Momentum 优化方法、AdamOptimizer 优化器对应 Adam 优化方法。

优化方法具体说明如下。

1)BGD 优化方法

BGD(Batch Gradient Descent)优化方法即批梯度下降法,这种优化方法每一步都使用所有的训练数据,这样能够保证收敛,并且不需要逐渐减少学习率,但是随着训练次数的增加,速度会越来越慢。

2)SGD 优化方法

SGD(Stochastic Gradient Descent)优化方法即随机梯度下降法,这种优化方法将训练数据拆分成一个个批次(batch),每次抽取一批数据进行更新参数。SGD 优化方法相对于 BGD 优化方法训练速度更快,具有较快的收敛速度,但是将数据拆分成一个个批次不可避免梯度会有误差,所以需要手动调整学习率(learning rate),并且 SGD 优化方法容易收敛到局部最优,在某些情况下可能被困在鞍点(既不是极大值点也不是极小值点的临界点)。

3)Adagrad 优化方法

Adagrad 优化方法可以实现学习率的自动更改,能够自适应地为各个参数分配不同学习率,控制每个维度的梯度方向,但是学习率处于单调递减,所以在训练的后期学习率很小,并且需要手动设置全局初始学习率。

4)Adadelta 优化方法

Adadelta 优化方法用一阶的方法,近似模拟二阶牛顿法,解决了 Adagrad 优化方法学习率单调递减和需要手动设置全局初始学习率的问题。

5)Momentum 优化方法

Momentum 优化方法在面对小而连续的梯度并且含有很多干扰时,可以很好地加速学习。

6)Adam 优化方法

Adam(adaptive moment estimation)优化方法来源于自适应矩估计(矩估计就是利用样本矩来估计总体中相应的参数),根据损失函数针对每个参数的梯度的一阶矩估计和二阶矩估计动态调整每个参数的学习率。

BGD 优化方法、SGD 优化方法和 Momentum 优化方法是手动指定学习率,Adagrad 优化方法、Adadelta 优化方法和 Adam 优化方法能够自动调节学习率。

快来扫一扫!

说明:了解了神经网络的优化方法之后,是否想知道更多的梯度下降方法呢?扫描图中二维码,你可以学到更多。

技能点 4 神经网络模型存储与加载

1. 生成检查点文件

训练神经网络模型需要遍历很多次训练周期更新运算及参数,在遍历训练周期时,变量都保存在内存中,若计算机经历了长时间训练后突然断电,所有的运算工作都会丢失。遍历训练周期时周期性地保存所有变量,创建检查点文件,当计算机遇到故障时,可以从最近的检查点恢复训练。

生成检查点文件(checkpoint file),扩展名一般为 ckpt,它包含权重和在程序中定义的变量,可以使用 tf.train.Saver 类中的 save 方法将数据流图中的变量保存到专门的二进制文件中,save 方法主要使用以下三个参数。

(1)会话对象:当前需要保存到检查点文件的会话对象。

(2)文件名:保存检查点文件命名。

(3)"global_step":文件名命名追加,例如文件名为"file",global_step=100,此时文件名为"file-100"。

生成检查点文件训练模型,如代码 CORE0317 所示。

代码 CORE0317：存储训练模型

```
# 创建 Saver 对象
saver=tf.train.Saver()
# 创建会话对象,启动数据流图
with tf.Session() as sess:
    # 遍历训练 10000 次
    for n in range(10000):
        # 每隔 1000 次保存 1 次检查点文件
        if n%1000==0:
            # 调用 tf.train.Saver.save 方法
            # 创建遵循命名模板 my_model-{n} 的检查点文件
            # 如 my_model-1000、my_model-2000 等
            # 生成检查点文件会保存每个变量的当前值
            saver.save(sess,'my_model',global_step=n)
    # 训练结束后,再次保存
    saver.save(sess,'my_model',global_step=10000)
```

生成检查点文件默认情况下，Saver 对象只会保留最近的五个文件,更早的文件都将被自动删除。

若希望从某个检查点恢复训练,可以使用 tf.train.get_checkpoint_state 方法,验证之前是否有检查点文件被保存下来,使用 tf.train.Saver.restore 方法恢复变量的值,如代码 CORE0318 所示。

代码 CORE0318：加载训练模型

```
# 创建会话对象,启动数据流图
with tf.Session() as sess:
    # 初始化起始训练数值
    init_step=0
    # 验证之前是否保存检查点文件
    ckpt=tf.train.get_checkpoint_state(os.path.dirname(file_name))
    if ckpt and ckpt.model_checkpoint_path:
        # 从检查点恢复模型
        saver.restore(sess,ckpt.model_checkpoint_path)
        # 拆分字符串,获取起始训练数值
        init_step=int(ckpt.model_checkpoint_path.rsplit('-'))
    for n in range(init_step,10000):
        # 开始训练神经网络
```

2. 生成图协议文件

生成图协议文件（graph proto file）,扩展名一般为 pb,生成图协议文件也是一个二进制

文件,只包含图形结构,不包含权重和变量信息,可以使用 tf.train.write_graph 方法保存图模型,tf.train.write_graph 主要使用以下三个参数。

（1）数据流图对象：当前需要保存到图协议文件的数据流图对象。

（2）保存路径：图协议文件的保存路径。

（3）文件名：图协议文件的命名。

保存图模型,如代码 CORE0319 所示。

代码 CORE0319:保存图模型

sess = tf.Session()
# 在 file 文件中保存图模型,命名为 train.pbtxt 	
tf.train.write_graph(sess.graph_def, 'file', 'train.pbtxt')

使用 tf.import_graph_def 方法可以从协议文件中加载图形,如代码 CORE0320 所示。

代码 CORE0320:加载图模型

with tf.Session() as _sess:
　　with gfile.FastGFile("file/train.pbtxt",'rb') as f:
　　　　# 创建 graph_def 对象
　　　　graph_def = tf.GraphDef()
　　　　# 读取图形数据
　　　　graph_def.ParseFromString(f.read())
　　　　# 加载图形
　　　　_sess.graph.as_default()
　　　　tf.import_graph_def(graph_def, name='tfgraph')

技能点 5　BP 神经网络

BP（Back Propagation）神经网络是指具有三层网络结构的浅层神经网络,它包含输入层、隐含层和输出层,如图 3.17 所示。

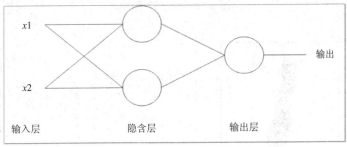

图 3.17　BP 神经网络

BP 神经网络无法实现权值共享,是一个较简单的全连接神经网络,输入层负责数据集的输入,隐含层通常使用激励函数对数据进行非线性化处理,输出层负责输出神经网络计算结果。

BP 神经网络学习过程有如下几步。

第一步:初始化参数,包括权值、偏置、网络层结构、激活函数等。

第二步:循环计算。

第三步:正向传播,计算误差。

第四步:反向传播,调整参数。

第五步:返回最终的网络模型。

在神经网络的发展过程中,BP 神经网络的出现和发展起到重要推动作用,之后的卷积神经网络、循环神经网络的学习训练基本都是采用这种思路。

技能点 6　MNIST 数据集简介

MNIST 是一个手写数字识别数据集,是入门级的计算机视觉数据集,它是由 6 万张训练图片和 1 万张测试图片构成的,这些图片采集美国中学生手写从 0 到 9 的数字,然后对数字图片进行预处理和格式化,均为黑白色构成,做了大小调整(28×28)并居中处理。

如图 3.18 所示,是 MNIST 图片,这些图片不再是传统意义的 png 或者 jpg 格式的,因为 png 或者 jpg 格式的图片有很多干扰信息(如数据块、图片头、图片尾等),为了压缩数据,提高训练速度,将这些图片处理为简易的二维数组,如图 3.19 所示。

图 3.18　MNIST 图片

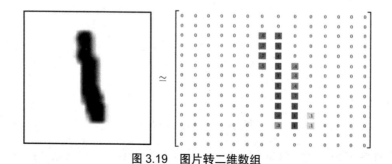

图 3.19　图片转二维数组

通过网址 http://yann.lecun.com/exdb/mnist/ 可以下载 MNIST 数据集,下载完成后,包括以下四个文件夹。

(1)train-labels-idx1-ubyte.gz:训练集标记文件(28881 B)。

(2)train-images-idx3-ubyte.gz:训练集图片文件(9912422 B)。

(3)t10k-labels-idx1-ubyte.gz:测试集标记文件(4542 B)。

(4)t10k-images-idx3-ubyte.gz:测试集图片文件(1648877 B)。

MNIST 数据集包括训练集的标记和图片数据以及测试集的标记和图片数据,在训练集 train-images-idx3-ubyte.gz 文件(训练集图片文件)中有 60000 张图片数据,每一张图片像素是 28×28,将一张图片展开成向量(一维数组),长度为 28×28=784,此时训练集图片是一个形状为 [60000,784] 的张量(二维数组),第一个维度数字用来索引图片,第二个维度数字用来索引每张图片中的像素点,图片里的某个像素的强度值介于 0 至 1 之间,如图 3.20 所示。

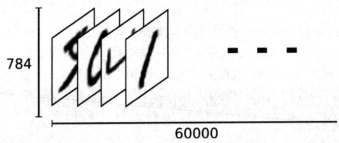

图 3.20　MNIST 数据集存储方式

MNIST 数据集中训练集标记文件是介于 0 至 9 之间的数字,为了方便识别,将标记文件转换为"one-hot vectors"形式(单向量),一个 one-hot 向量除了某一位数字是 1 以外,其余维度数字都是 0,比如标签数字 1 表示为 ([0,1,0,0,0,0,0,0,0,0]),标签数字 3 表示为 ([0,0,0,1,0,0,0,0,0,0]),因此 MNIST 标签是一个形状为 [60000,10] 的张量,如图 3.21 所示。

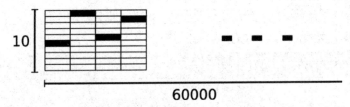

图 3.21　one-hot vectors 形式

在测试集包含的 10000 个样例中,前 5000 个样例取自原始的 NIST 训练集,后 5000 个取自原始的 NIST 测试集,因此前 5000 个预测起来更容易些(MNIST 数据集是 NIST 数据集的子集)。

MNIST 数据集常用方法如表 3.4 所示。

表 3.4　MNIST 数据集常用方法

MNIST 方法	描述
mnist.train.images.shape	训练集的张量

续表

MNIST 方法	描述
mnist.train.labels.shape	训练集标签的张量
mnist.test.images.shape	测试集的张量
mnist.test.labels.shape	测试集标签的张量
mnist.validation.images.shape	验证集的张量
mnist.validation.labels.shape	验证集标签的张量

使用 TensorFlow 搭建全连接神经网络实现简单的 MNIST 数字识别,根据图 3.1 基本流程,通过下面四个步骤的操作,实现图 3.2 所示 MNIST 数字识别效果。

第一步:导入模块和 MNIST 数据集,代码如 CORE0321 所示。

代码 CORE0321:导入模块和 MNIST 数据集

```
import tensorflow as tf
from tensorflow.examples.tutorials.mnist import input_data
# 载入 MNIST 数据集
mnist = input_data.read_data_sets("MNIST_data",one_hot=True)
# 输出训练集、测试集形状
print(mnist.train.images.shape, mnist.train.labels.shape)
print(mnist.test.images.shape, mnist.test.labels.shape)
print(mnist.validation.images.shape, mnist.validation.labels.shape)
```

第二步:数据初始化,代码如 CORE0322 所示。

代码 CORE0322:数据初始化

```
# 每个批次的大小
batch_size = 100
# 计算一共有多少个批次
n_batch = mnist.train.num_examples // batch_size
# 定义占位符
x = tf.placeholder(tf.float32,[None,784])
y = tf.placeholder(tf.float32,[None,10])
# 创建神经网络
W = tf.Variable(tf.zeros([784,10]))
b = tf.Variable(tf.zeros([10]))
```

第三步：搭建神经网络，代码如 CORE0323 所示。

代码 CORE0323：搭建神经网络

```
#softmax 算法分类
prediction = tf.nn.softmax(tf.matmul(x,W)+b)
# 计算误差
loss = tf.reduce_mean(tf.square(y-prediction))
# 使用梯度下降法，进行优化
train_step = tf.train.GradientDescentOptimizer(0.2).minimize(loss)
```

第四步：训练神经网络，代码如 CORE0324 所示。

代码 CORE0324：训练神经网络

```
# 初始化变量
init = tf.global_variables_initializer()
with tf.Session() as sess:
    sess.run(init)
    # 遍历训练 20 次
    for epoch in range(21):
        for batch in range(n_batch):
            # 每次 100 批，获取对应的特征和标签
            batch_xs,batch_ys = mnist.train.next_batch(batch_size)
            sess.run(train_step,feed_dict={x:batch_xs,y:batch_ys})
        # 结果存储在一个布尔型列表中
        correct_prediction = tf.equal(tf.argmax(y,1),tf.argmax(prediction,1))
        # 求准确率
        accuracy = tf.reduce_mean(tf.cast(correct_prediction,tf.float32))
        acc = sess.run(accuracy,feed_dict={x:mnist.test.images,y:mnist.test.labels})
        print("Iter" + str(epoch) + ",Testing Accuracy " + str(acc))
```

运行程序，经过 20 次遍历训练，MNIST 数字识别的准确率达到 91.37%。

【拓展目的】

熟悉 MNIST 数据集的特点，使用 TensorFlow 对 MNIST 数据集进行基本操作。

【拓展内容】

使用 TensorFlow 查看 MNIST 数据具体图像信息，如图 3.22 所示，查看 MNIST 数据集第一张数值图像。

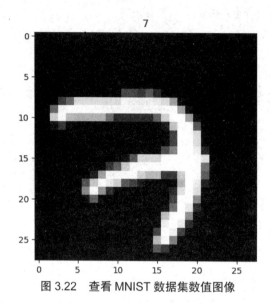

图 3.22　查看 MNIST 数据集数值图像

【拓展步骤】

1. 设计思路

使用 mnist.train.images 方法获取 MNIST 图像，mnist.train.labels 方法获取 MNIST 标签数值，结合 matplotlib 模块进行可视化显示。

2. 实现图 3.22 效果

代码如 CORE0325 所示。

代码 CORE0325：神经网络训练 MNIST 数值识别

```
import tensorflow as tf
import numpy as np
import matplotlib.pyplot as plt
from tensorflow.examples.tutorials.mnist import input_data
# 载入 MNIST 数据集
mnist = input_data.read_data_sets("MNIST_data",one_hot=True)
# 输出训练集、测试集形状
print(mnist.train.images.shape, mnist.train.labels.shape)
print(mnist.test.images.shape, mnist.test.labels.shape)
print(mnist.validation.images.shape, mnist.validation.labels.shape)
# 输出 MNIST 数据集第一个数值
# 显示图像
```

```python
plt.imshow(mnist.train.images[0].reshape((28, 28)), cmap='gray')
# 显示标签数值
plt.title('%i' % np.argmax(mnist.train.labels[0]))
plt.show()
# 每个批次的大小
batch_size = 100
# 计算一共有多少个批次
n_batch = mnist.train.num_examples // batch_size
# 定义占位符
x = tf.placeholder(tf.float32,[None,784])
y = tf.placeholder(tf.float32,[None,10])
# 创建神经网络
W = tf.Variable(tf.zeros([784,10]))
b = tf.Variable(tf.zeros([10]))
#softmax 算法分类
prediction = tf.nn.softmax(tf.matmul(x,W)+b)
# 计算误差
loss = tf.reduce_mean(tf.square(y-prediction))
# 使用梯度下降法，进行优化
train_step = tf.train.GradientDescentOptimizer(0.2).minimize(loss)
# 初始化变量
init = tf.global_variables_initializer()
with tf.Session() as sess:
    sess.run(init)
    # 遍历训练 20 次
    for epoch in range(21):
        for batch in range(n_batch):
            # 每次 100 批，获取对应的特征和标签
            batch_xs,batch_ys = mnist.train.next_batch(batch_size)
            sess.run(train_step,feed_dict={x:batch_xs,y:batch_ys})
        # 结果存储在一个布尔型列表中
        correct_prediction = tf.equal(tf.argmax(y,1),tf.argmax(prediction,1))
        # 求准确率
        accuracy = tf.reduce_mean(tf.cast(correct_prediction,tf.float32))
        acc = sess.run(accuracy,feed_dict={x:mnist.test.images,y:mnist.test.labels})
        print("Iter" + str(epoch) + ",Testing Accuracy " + str(acc))
```

本任务通过全连接神经网络简单的 MNIST 数字识别效果的实现,对神经网络及神经网络训练方法有了初步了解,对神经网络的搭建和使用有所了解并掌握,并能够通过所学神经网络相关知识作出 MNIST 数字识别的效果。

supervised learning	监督学习
semi supervised learning	半监督学习
unsupervised learning	非监督学习
reinforcement learning	强化学习
genetic algorithm	遗传算法
label	标签
features	特征
regression	回归
classification	分类
excitation function	激励函数

一、选择题

1. 实现机器学习的方法称为算法,机器学习算法可以分为(　　　　)类。

A. 三　　　　　　　　B. 四　　　　　　　　C. 五　　　　　　　　D. 六

2. 以下不是激活函数的是(　　　　)。

A. tf.nn.sigmoid()　　　B. tf.nn.tan ()　　　C. tf.nn.relu()　　　D. tf.nn.softplus()

3. 以下优化方法错误的是(　　　　)。

A. Adagrad　　　　　　B. Adadelta　　　　　C. Adam　　　　　　D. Amd

4.BP 神经网络是浅层神经网络,它不包含(　　　　)。

A. 弹出层　　　　　　B. 输入层　　　　　　C. 隐含层　　　　　　D. 输出层

5.MNIST 数据集是由(　　　　)万张训练图片和 1 万张测试图片构成的。

A. 2　　　　　　　　B. 4　　　　　　　　C. 6　　　　　　　　D. 8

二、填空题

1. 机器学习就是从 _____ 中提取出有价值信息的工具。

2. 机器学习就是从数据中学习和提取有价值的信息,不断提升机器的性能,收集到的数

据称为 _____。

3. 优化方法可以加速神经网络训练,目前加速神经网络训练的优化方法基本都是基于 _____ 的,只是在细节上有所区别。

4.BP 神经网络无法实现 _____,是一个较简单的全连接神经网络。

5.MNIST 是一个 _____ 数据集。

三、上机题

结合本项目所学技能点,使用 matplotlib 模块,将训练 MNIST 数据集的 loss 实时动态绘制显示。

项目四　图像识别与卷积神经网络

通过实现 CIFAR-10 图像识别效果,了解卷积神经网络的结构和模型,学习卷积神经网络的搭建,掌握卷积神经网络的使用和图像数据的处理,具备使用卷积神经网络实现 MNIST 数字识别的能力。在任务实现过程中:

> 了解卷积神经网络的结构和模型;
> 学习卷积神经网络的搭建;
> 掌握卷积神经网络的使用和图像数据的处理;
> 具备使用卷积神经网络实现 MNIST 数字识别的能力。

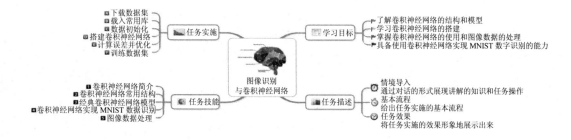

【情境导入】

【基本流程】

基本流程如图 4.1 所示,通过对流程图分析可以了解卷积神经网络的搭建原理。

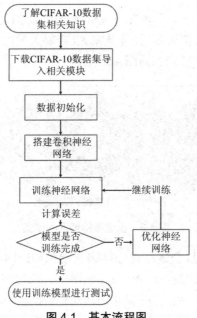

图 4.1　基本流程图

【任务效果】

通过本项目的学习,可以实现 TensorFlow 图像识别效果,其效果如图 4.2 所示。

```
step 0, loss = 4.69 (27.6 examples/sec; 4.640 sec/batch)
step 100, loss = 2.10 (98.6 examples/sec; 1.298 sec/batch)
step 200, loss = 1.77 (99.1 examples/sec; 1.292 sec/batch)
step 300, loss = 1.67 (105.3 examples/sec; 1.215 sec/batch)
step 400, loss = 1.55 (122.2 examples/sec; 1.047 sec/batch)
step 500, loss = 1.42 (113.3 examples/sec; 1.129 sec/batch)
step 600, loss = 1.43 (108.4 examples/sec; 1.180 sec/batch)
step 700, loss = 1.33 (89.7 examples/sec; 1.427 sec/batch)
step 800, loss = 1.36 (119.1 examples/sec; 1.074 sec/batch)
step 900, loss = 1.45 (89.1 examples/sec; 1.436 sec/batch)
step 1000, loss = 1.46 (110.6 examples/sec; 1.157 sec/batch)
step 1100, loss = 1.26 (92.2 examples/sec; 1.388 sec/batch)
step 1200, loss = 1.24 (109.9 examples/sec; 1.165 sec/batch)
step 1300, loss = 1.23 (107.1 examples/sec; 1.195 sec/batch)
step 1400, loss = 1.21 (119.1 examples/sec; 1.074 sec/batch)
step 1500, loss = 1.29 (109.5 examples/sec; 1.169 sec/batch)
step 1600, loss = 1.15 (100.8 examples/sec; 1.270 sec/batch)
step 1700, loss = 1.10 (112.0 examples/sec; 1.143 sec/batch)
step 1800, loss = 1.19 (111.7 examples/sec; 1.146 sec/batch)
step 1900, loss = 1.05 (84.7 examples/sec; 1.511 sec/batch)
step 2000, loss = 1.29 (115.3 examples/sec; 1.110 sec/batch)
step 2100, loss = 1.27 (78.8 examples/sec; 1.625 sec/batch)
step 2200, loss = 1.13 (103.5 examples/sec; 1.236 sec/batch)
step 2300, loss = 1.15 (111.3 examples/sec; 1.150 sec/batch)
step 2400, loss = 1.08 (86.5 examples/sec; 1.479 sec/batch)
step 2500, loss = 1.20 (107.3 examples/sec; 1.193 sec/batch)
step 2600, loss = 0.97 (106.1 examples/sec; 1.206 sec/batch)
step 2700, loss = 1.24 (97.4 examples/sec; 1.314 sec/batch)
step 2800, loss = 1.04 (68.4 examples/sec; 1.871 sec/batch)
step 2900, loss = 1.19 (95.9 examples/sec; 1.335 sec/batch)
precision= 0.727
```

图 4.2   效果图

技能点 1   卷积神经网络简介

虽然传统神经网络可以处理简单的回归和分类问题,但是当所要处理的问题过于复杂时,传统神经网络就暴露出权值太多、计算量太大、需要大量的样本进行训练等问题,此时使用卷积神经网络可以有效解决问题,如图 4.3 所示。

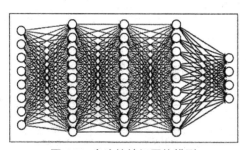

图 4.3   全连接神经网络模型

比较图 4.3 和图 4.4 可见,全连接神经网络和卷积神经网络的结构直观差异较大,但是整体架构非常相似。全连接神经网络中,每相邻两层之间的节点都有边连接,通常会将每一层全连接层中的节点组织成一列,方便显示连接结构;而卷积神经网络通过一层一层节点组织起来的,相邻两层之间部分节点相连,为了展示每一层神经元的维度,通常会将每一层卷积层的节点组成三维矩阵。

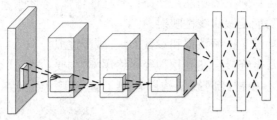

图 4.4 卷积神经网络模型

卷积神经网络 (Convolutional Neural Network，CNN) 是一种前馈神经网络结构,最初用于解决计算机图像识别,随着技术发展,现在也可用于视频分析、时间序列信号、文本数据、音频数据等,很火的 Alpha Go,让计算机看懂围棋,同样也运用到卷积神经网络。

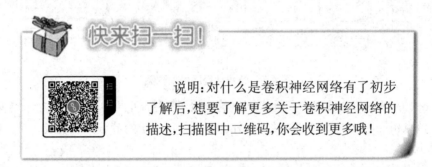

说明:对什么是卷积神经网络有了初步了解后,想要了解更多关于卷积神经网络的描述,扫描图中二维码,你会收到更多哦!

技能点 2 卷积神经网络常用结构

神经网络(Neural Networks，NN)的基本组成包括输入层、隐藏层、输出层。卷积神经网络的特点在于隐藏层分为卷积层和池化层,简单的卷积神经网络架构包含输入层、卷积层(tf.nn.conv2d)、激励层(tf.nn.relu)、池化层(tf.nn.max.pool)和全连接(tf.nn.matmul),如图 4.5 所示。

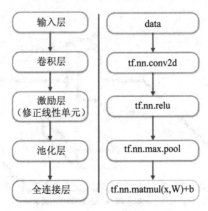

图 4.5 卷积神经网络常用结构

（1）输入层：神经网络的输入。

（2）卷积层：卷积运算的主要功能是使原信号特征增强，降低噪声，提取数据特征。

（3）激励层：主要功能是做非线性映射。

（4）池化层：主要功能是压缩数据和参数的量，减少过拟合。

（5）全连接层：通常全连接层在卷积神经网络尾部，主要功能是"分类器"的作用。

通过一个具体的卷积神经网络架构图详细了解卷积神经网络各层的作用，如图 4.6 所示。

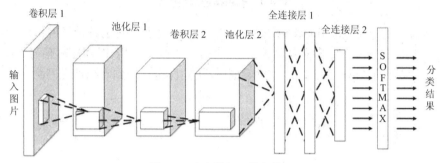

图 4.6　卷积神经网络架构图

图 4.6 中的虚线部分展现卷积神经网络的连接示意图，可见前几层中每个节点只和上一层中部分节点相连，在计算时卷积神经网络的前几层，每一层的节点都被组成一个三维矩阵。

1. 输入层

输入层负责神经网络的数据输入，比如在处理图像时，输入层代表图片的像素矩阵，在图 4.6 中最左侧的三维矩阵就可以代表输入图片。其中，三维矩阵的长和宽代表图像的尺寸，三维矩阵的深度代表图像的色彩通道（channel），比如黑白图片的深度为 1，彩色图片（RGB 色彩模式）的深度为 3。从输入层开始，卷积神经网络通过不同的神经网络结构将上一层的三维矩阵转化为下一层的三维矩阵，直到最后的全连接层。

2. 卷积层

卷积层也被称为过滤器或者内核，在卷积层中通过一块块卷积核（conventional kernel）在原始图像上平移来提取特征，卷积层中每个节点的输入是上一层的一小块数据，卷积层对神经网络中每一块数据进行深入分析，提取特征，得到特征映射。通常卷积层处理过的节点矩阵会变深，如图 4.7 所示。

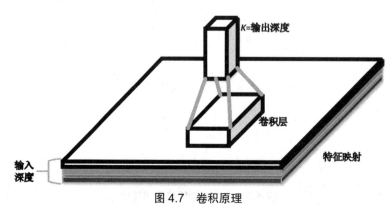

图 4.7　卷积原理

在卷积层提取数据特征进行的操作称为卷积运算,如图 4.8 所示,卷积运算对两个输入张量(输入和卷积核)进行卷积,并输出一个代表来自每个输入的信息的张量。

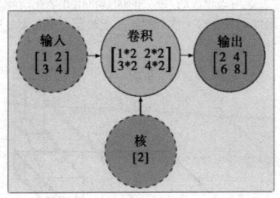

图 4.8 卷积运算

通常,TensorFlow 中的卷积运算是通过 tf.nn.conv2d 实现。对于一些特定用例,TensorFlow 还提供了其他卷积运算。对于初学者推荐使用 tf.nn.conv2d,具体使用格式如下。

tf.nn.conv2d(input,filter,strides,padding,use_cudnn_on_gpu=None,name=None)

(1)input:需要卷积的数据,比如图片。它要求是具有 [batch, in_height, in_width, in_channels] 这样的 shape,具体含义是 [训练时一个 batch 的图片数量,图片高度,图片宽度,图像通道数],并且要求数据类型为 float32 或 float64。

(2)filter:相当于卷积神经网络中的卷积核。它要求是具有 [filter_height, filter_width, in_channels, out_channels] 这样的 shape,具体含义是 [卷积核的高度,卷积核的宽度,图像通道数,卷积核个数],并且要求数据类型为 float32 或 float64。需要注意,参数 filter 的第三维 in_channels,就是参数 input 的第四维。

(3)strides:卷积运算时的步长,数据类型为一维向量。在计算机视觉处理中,卷积的价值体现在对输入图片降维的能力上。比如一幅 2D 图像的维数包括其宽度、高度和通道数,如果图像具有较高的维数,则意味着神经网络扫描所有图像以判断各像素的重要性所需的时间呈指数级增长。使用卷积运算对图像降维是通过修改卷积核的 strides 参数实现的,参数 strides 使得卷积核可跳过图像中的一些像素,从而在输出中不包含它们。实际上,说这些像素“被跳过”并不十分准确,因为它们仍然会对输出产生影响。当 strides 参数指定图像维数较高,且使用较为复杂的卷积核时,卷积运算应如何进行。当卷积运算用卷积核遍历输入时,它利用这个跨度参数来修改遍历输入的方式,strides 参数使得卷积核无须遍历输入的每个元素,可以直接跳过某些元素。

(4)padding:卷积运算时进行边界的填充,数据类型为字符串。当卷积核与图像重叠时,理论上它应当落在图像的边界内,但有时两者尺寸可能不匹配,一种较好的补救策略是对图像缺失的区域进行填充,TensorFlow 会用 0 进行边界填充。tf.nn.conv2d 的零填充数量或错误状态是由参数 padding 控制的,它的取值可以是“SAME”或“VALID”。在计算卷积时,最好能够考虑图像的尺寸,在大多数比较简单的情形下,“SAME PADDING”都是不错的选择,当指定跨度参数后,如果输入和卷积核能够很好地工作,则推荐使用“VALID

PADDING"。

① SAME PADDING：卷积输入与输出的尺寸相同。这里在计算如何进行图像跨越时，并不考虑滤波器的尺寸。选用该设置时，缺失的像素将用 0 填充，卷积核扫过的像素数将超过图像的实际像素数，最终卷积窗口采样后得到一个跟原来平面大小相同的平面，效果如图 4.9 所示。

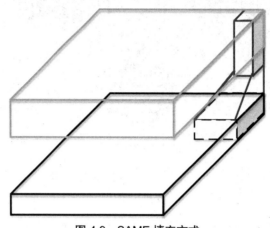

图 4.9　SAME 填充方式

② VALID PADDING：在计算卷积核如何在图像上跨越时，需要考虑滤波器的尺寸，这会使卷积核尽量不越过图像的边界，在某些情形下，边界可能也会被填充，最终卷积窗口采样后得到一个比原来平面小的平面，效果如图 4.10 所示。

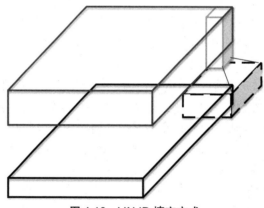

图 4.10　VALID 填充方式

（5）use_cudnn_on_gpu：在卷积运算时 cudnn 是否加速，默认为 true。

（6）name：指定该操作的名称。

最后结果返回一个 Tensor，就是常说的 feature map，返回的数据类型是 [batch，height，width，channels] 形式。

下面通过例子简要解释 TensorFlow 卷积运算的实现。

例如有一张 3×3 三通道的图像（shape：[1,3,3,3]），用 1×1 的卷积核（shape：[1,1,1,1]）去做卷积，步长为 [1,1,1,1]，填充方式为"VALID"，返回数据是一张 3×3 的 feature map，相当于每一个像素点，卷积核都与该像素点的每一个通道做卷积运算，效果如图 4.11 所示。

```
[[[[-3.1725788 ]
   [-0.6022166 ]
   [ 1.561714  ]]

  [[-1.2632883 ]
   [ 0.8988921 ]
   [-0.26085588]]

  [[-0.94609   ]
   [ 0.00860298]
   [-2.2078    ]]]]
```

图 4.11　TensorFlow 实现简单卷积运算

使用 TensroFlow 实现卷积运算，代码如 CORE0401 所示。

代码 CORE0401：TensorFlow 实现简单卷积运算

```
import tensorflow as tf
# 需要卷积的数据
input_num = tf.Variable(tf.random_normal([1,3,3,3]))
# 卷积核
filter_num = tf.Variable(tf.random_normal([1,1,3,1]))
#tf.nn.conv2d 卷积运算函数
op = tf.nn.conv2d(input_num, filter_num, strides=[1, 1, 1, 1], padding='VALID')
with tf.Session() as sess:
    # 初始化变量
    sess.run(tf.global_variables_initializer())
    # 输出 feature map
    print(sess.run(op))
```

3. 激励层

激励层使用激活函数为神经网络引入非线性，非线性意味着输入和输出的关系是一条曲线，而非直线，曲线能够刻画输入中更为复杂的变化。例如，非线性映射能够描述那些大部分时间值都很小，但在某个单点会周期性地出现极值的输入，为神经网络引入非线性可使其对在数据中发现的复杂模式进行训练。

TensorFlow 提供了多种激活函数，在 CNN 中，主要使用 tf.nn.relu（修正线性单元），因为它虽然会带来一些信息损失，但性能较为突出。初学者设计模型时，推荐使用 tf.nn.relu，高级用户可创建自己的激活函数。评价某个激活函数是否有用时，主要考虑以下两个因素。

（1）函数是单调的，这样输出便会随着输入的增长而增长，使利用梯度下降法寻找局部极值点成为可能。

（2）函数是可微分的，保证该函数定义域内的任意一点上导数都存在，使得梯度下降法能够正常使用来自这类激活函数的输出。

4. 池化层

池化层在卷积层之后，不会改变矩阵的深度，只是缩小矩阵的尺寸，减少全连接层中的参数，加快计算速度，提高性能，并且防止过拟合问题。池化层前向传播也是移动类似一个过滤器的结构完成的,不过池化层过滤器中的计算不是节点的加权和,而是使用更简单的最大值或者平均值计算。

池化层使用最大值计算的操作叫作最大池化层(max-pooling),使用平均值计算的操作叫作平均池化层(mean-pooling),具体区别如图 4.12 所示。

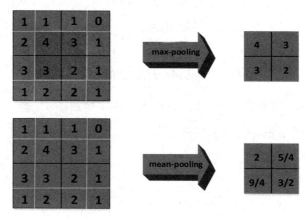

图 4.12   池化操作

图 4.12 中有一个 4×4 的平面,使用 2×2 的过滤器且步长为 2 进行池化。使用最大池化操作过滤器筛选出每次中的最大数值,使用平均池化操作过滤器将所有数据累加求取平均值作为池化特征结果。

最大池化通常使用 2×2 的卷积核,原因之一在于它是在单个通路上能够实施的最小数量的降采样,如果使用 1×1 的卷积核,则输出与输入相同。平均池化用于当整个卷积核都非常重要时,若需实现值的缩减,平均池化非常有效,例如输入张量宽度和高度很大但深度很小的情况。

通常,TensorFlow 中的池化运算通过最大池化来实现。对于一些特定用例,TensorFlow可以使用平均池化。对于初学者,推荐使用最大池化,最大池化通过 tf.nn.max_pool 方法实现,具体使用格式如下。

```
tf.nn.max_pool(value,ksize,strides,padding,name=None)
```

(1)value:池化的输入,一般池化层接在卷积层的后面,所以输出通常为 feature map。feature map 依旧是 [batch,in_height,in_width,in_channels] 这样形式的参数。

(2)ksize:池化窗口的大小,参数为四维向量,通常取 [1,height,width,1],因为不想在batch 和 channels 上做池化,所以这两个维度设为 1。

(3)strides:步长,同样是一个四维向量。

(4)padding:填充方式,使用和卷积层相同。

(5)name:指定该操作的名称。

5. 全连接层

经过多次卷积层和池化层的处理后,此时数据中的信息已经抽象成了信息含量更高的特征,在卷积神经网络的最后通常由 1 到 2 个全连接层完成分类任务(主要通过激活函数进行分类)。

技能点 3　经典卷积神经网络模型

卷积神经网络的起源是神经认知机(Neocognitron)模型,演化过程主要有四个方向:①网络加深,②增强卷积层的功能,③从分类任务到检测任务,④增加新的功能模块,如图 4.13 所示。

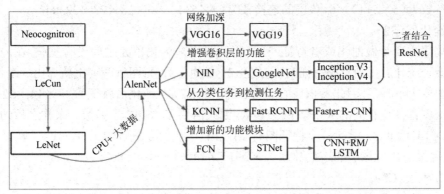

图 4.13　卷积神经网络发展

下面简要讲述卷积神经网络发展过程中重要的神经网络结构和特点。

1.LeNet

LeNet5 是最早的卷积神经网络之一,那时候没有 GPU 帮助训练模型,甚至 CPU 的速度也很慢,因此 LeNet5 通过巧妙的设计,利用卷积、参数共享、池化等操作提取特征,降低计算成本,最后再使用全连接神经网络进行分类识别,这个网络也是最近大量神经网络架构的起点,给深度学习领域带来许多灵感。LeNet 的网络结构如图 4.14 所示。

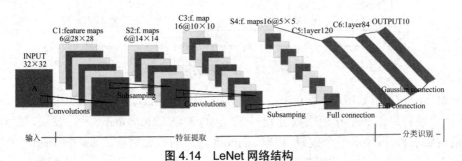

图 4.14　LeNet 网络结构

图 4.14 中每层具体作用如下。

1)输入层

输入图像尺寸为 32×32,比 MNIST 数据集中的字母(28×28)要大,因为训练神经网络前通常对图像数据进行预处理,期望可以使潜在的数据特征更明显。

2）卷积层（C1）

卷积层使用 6 个卷积核，每个卷积核的大小为 5×5，这样就得到了 6 个 feature map（特征图），此时有 3 个特征需要了解。

（1）特征图大小。每个卷积核（5×5）与原始的输入图像（32×32）进行卷积，这样得到的 feature map（特征图）大小为（32−5+1）×（32−5+1）=28×28。

（2）参数个数。由于 CNN 参数（权值）共享，对于同个卷积核每个神经元均使用相同的参数，因此参数个数为（5×5+1）×6=156，其中 5×5 为卷积核参数，1 为偏置参数。

（3）连接数。卷积后的图像大小为 28×28，因此每个特征图有 28×28 个神经元，每个卷积核参数为（5×5+1）×6，该层的连接数为（5×5+1）×6×28×28=122304。

3）池化层（S2）

池化层主要是做池化或者特征映射（特征降维），池化单元之间没有重叠，在池化区域内进行聚合统计后得到新的特征值，因此经 2×2 池化后，每两行两列重新算出一个特征值，相当于图像大小减半，因此卷积后的 28×28 图像经 2×2 池化后就变为 14×14。S2 层由于每个特征图都共享相同的 w 和 b 两个参数，因此需要 2×6=12 个参数。采样之后的图像大小为 14×14，因此 S2 层的每个特征图有 14×14 个神经元，每个池化单元连接数为 2×2+1（1 为偏置量），因此该层的连接数为（2×2+1）×14×14×6=5880。

4）卷积层（C3）

C3 层有 16 个卷积核，卷积核大小为 5×5。C3 层的特征图大小为（14−5+1）×（14−5+1）=10×10。C3 与 S2 并不是全连接而是部分连接，有些是 C3 连接到 S2 3 层，有些 4 层，甚至达到 6 层，通过这种方式提取更多特征，连接的规则如图 4.15 所示。

	0	1	2	3	4	5	6	7	8	9	10	11	12	13	14	15
0	X				X	X	X			X	X	X	X		X	X
1	X	X				X	X	X			X	X	X	X		X
2	X	X	X				X	X	X			X		X	X	X
3		X	X	X			X	X	X	X			X		X	X
4			X	X	X			X	X	X	X		X	X		X
5				X	X	X			X	X	X	X		X	X	X

|—— 3 ——|—— 4 ——|6|

图 4.15 卷积层连接规则

例如第一列表示 C3 层的第 0 个特征图只跟 S2 层的第 0、1 和 2 这 3 个 feature maps 相连接，计算过程为用 3 个卷积模板分别与 S2 层的 3 个 feature maps 进行卷积，然后将卷积的结果相加求和，再加上一个偏置，再取 sigmoid 得出卷积后对应的 feature map 了。其他列也是类似（有些是 3 个卷积模板，有些是 4 个，有些是 6 个）。因此，C3 层的参数数目为（5×5×3+1）×6+（5×5×4+1）×9+5×5×6+1=1516。

5）池化层（S4）

池化单元大小为 2×2，因此该层与 C3 一样共有 16 个特征图，每个特征图的大小为 5×5，所需要参数个数为 16×2=32，连接数为（2×2+1）×5×5×16=2000。

6）卷积层（C5）

该层有 120 个卷积核，每个卷积核的大小仍为 5×5，因此有 120 个特征图。由于 S4 层的大小为 5×5,而该层的卷积核大小也是 5×5,因此特征图大小为(5-5+1)×(5-5+1)= 1×1,若原始输入的图像比较大,则该层就不是全连接。本层的参数数目为 120× (5×5×16+1)=48120,该层的特征图大小刚好为 1×1,因此连接数为 48120×1×1=48120。

7)全连接层(C6)

全连接层有 84 个单元,有 84 个特征图,特征图大小与 C5 一样都是 1×1,与 C5 层全连接。由于是全连接,参数数量为(120+1)×84=10164,和经典神经网络一样,C6 层计算输入向量和权重向量之间的点积,再加上一个偏置,然后将其传递给 sigmoid 函数得出结果,连接数与参数数量一样,也是 10164。

8)输出层

输出层也是全连接层,共有 10 个节点,分别代表数字 0 到 9。由于是全连接,参数个数为 84×10=840,连接数与参数个数一样,也是 840。

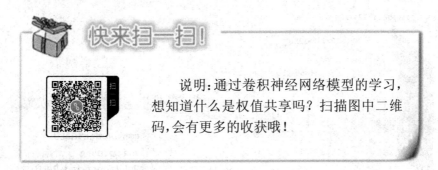

说明:通过卷积神经网络模型的学习,想知道什么是权值共享吗?扫描图中二维码,会有更多的收获哦!

2. AlexNet

AlexNet 可以说是具有历史意义的一个网络结构,在此之前,深度学习已经沉寂了很长时间,自 2012 年 AlexNet 诞生之后,后面的 ImageNet 冠军都是用卷积神经网络(CNN)来做的,并且层次越来越深,使得 CNN 成为在图像识别分类的核心算法模型,带来深度学习的大爆发。AlexNet 的网络结构如图 4.16 所示。

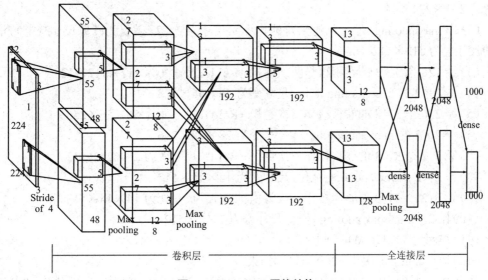

图 4.16 AlexNet 网络结构

　　AlexNet 网络结构共有 8 层,前面 5 层是卷积层,后面 3 层是全连接层,最后一个全连接层的输出传递给一个 1000 路的 softmax 层,对应 1000 个类标签的分布。

　　由于 AlexNet 采用两个 GPU 进行训练,因此该网络结构图由上下两部分组成,一个 GPU 运行图上方的层,另一个 GPU 运行图下方的层,两个 GPU 只在特定的层通信。例如第二、四、五层卷积层的核只和同一个 GPU 上的前一层的核特征图相连,第三层卷积层和第二层所有的核特征图相连接,全连接层中的神经元和前一层中的所有神经元相连接。

3. VGGNet

　　VGGNet 探索卷积神经网络的深度与其性能之间的关系,成功地构筑 16~19 层深的卷积神经网络,证明增加网络的深度能够在一定程度上影响网络最终的性能,使错误率大幅下降,同时拓展性又很强,迁移到其他图片数据上的泛化性也非常好。到目前为止,VGG 仍然被用来提取图像特征。VGG 的网络结构如图 4.17 所示。

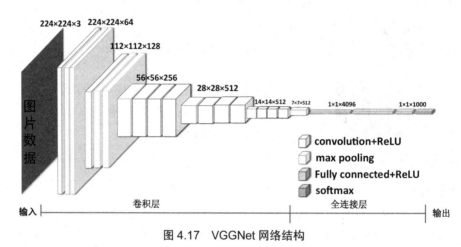

图 4.17　VGGNet 网络结构

　　以 VGG16 为例,介绍其处理过程如下。

　　(1)输入 224×224×3 的图片,经 64 个 3×3 的卷积核作两次卷积 +ReLU,卷积后的尺寸变为 224×224×64。

　　(2)作 max pooling(最大化池化),池化单元尺寸为 2×2(效果为图像尺寸减半),池化后的尺寸变为 112×112×64。

　　(3)经 128 个 3×3 的卷积核作两次卷积 +ReLU,尺寸变为 112×112×128。

　　(4)作 2×2 的 max pooling 池化,尺寸变为 56×56×128。

　　(5)经 256 个 3×3 的卷积核作三次卷积 +ReLU,尺寸变为 56×56×256。

　　(6)作 2×2 的 max pooling 池化,尺寸变为 28×28×256。

　　(7)经 512 个 3×3 的卷积核作三次卷积 +ReLU,尺寸变为 28×28×512。

　　(8)作 2×2 的 max pooling 池化,尺寸变为 14×14×512。

　　(9)经 512 个 3×3 的卷积核作三次卷积 +ReLU,尺寸变为 14×14×512。

　　(10)作 2×2 的 max pooling 池化,尺寸变为 7×7×512。

　　(11)与两层 1×1×4096,一层 1×1×1000 进行全连接 +ReLU(共三层)。

　　(12)通过 softmax 输出 1000 个预测结果。

　　从上面的过程可以看出 VGG 网络结构比较简洁,都是由小卷积核、小池化核、ReLU 组合而成。

4. GoogleLeNet

GoogLeNet 主要应用于内存或计算资源有限的情况下，Inception 是 GoogLeNet 中有名的神经网络框架之一，共历经 V1、V2、V3、V4 等多个版本的发展，不断趋于完善，下面进行简要介绍。

1）Inception V1

Inception V1 的网络结构将 CNN 常用的卷积（1×1, 3×3, 5×5）、池化（3×3）操作堆叠在一起，不仅增加了网络的宽度，而且还增加了网络对尺度的适应性，并且在 3×3、5×5 卷积层前和 max pooling 后分别加上 1×1 的卷积核，防止卷积核计算量过大造成特征图厚度太大，如图 4.18 所示。

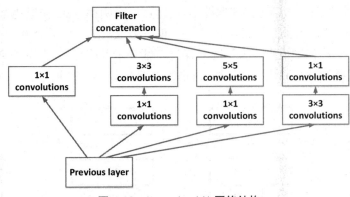

图 4.18　Inception V1 网络结构

2）Inception V2

Inception V2 解决方案是修改 Inception 内部计算逻辑，提出比较特殊的"卷积"计算结构，主要有以下两个特点。

（1）卷积分解。通常大尺度的卷积核感受野更大，同理产生的参数也更多，5×5 卷积核参数有 25 个，3×3 卷积核参数有 9 个，前者是后者的 2.78 倍。因此，GoogleLeNet 团队提出可以使用两个连续的 3×3 卷积核代替 5×5 卷积核，既可以保证感受野的范围，又可以减少参数量，如图 4.19 所示。为了分解得更小，GoogleLeNet 团队使用 $n \times 1$ 卷积核，如图 4.20 所示，用 3 个 3×1 取代 3×3 卷积。

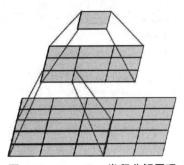

图 4.19　Inception 卷积分解原理

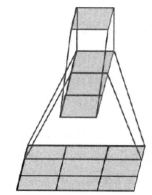

图 4.20　用 3 个 3×1 取代 3×3 卷积

（2）降低特征图大小。若想让图像缩小，通常可以有两种方式：先池化再 Inception 卷积或者先 Inception 卷积再池化，如图 4.21 所示。但是方法一先作池化操作会导致特征缺失，方法二正常缩小但计算量很大。为了同时保持特征表示并降低运算，可以使用两个并行化的模块降低计算量（卷积、池化并行执行，再进行合并），如图 4.22 所示。

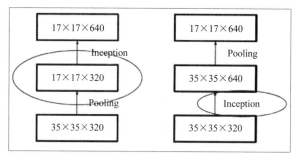

图 4.21　缩小图片的两种方式

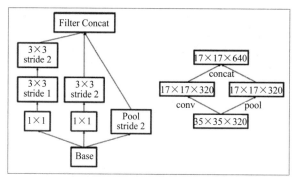

图 4.22　卷积、池化并行执行再合并

3）Inception V3

Inception V3 最重要的改进就是分解，例如将 7×7 卷积分解为两个一维的卷积（1×7 和 7×1）等，这样既加速了运算，也使得神经网络深度增加，每增加一层都要进行 ReLu，增加了网络的非线性。

4）Inception V4

Inception V4 研究了 Inception 模块与残差连接的结合，ResNet 结构极大地加深了网络的深度，提高了网络的性能和训练速度。

技能点 4　卷积神经网络实现 MNIST 数字识别

采用全连接神经网络实现 MNIST 数字识别最大的问题在于全连接层的参数太多，每一张图片的大小是 28×28×1（28×28 是图片尺寸，1 代表黑白图片，只有一个色彩通道），假设第一层隐藏层节点数为 500 个，那么一个全连接层的神经网络将有 28×28×500+500=392 500 个参数。当数据更多更大时，参数就会增加，导致计算速度减慢，容易出现过拟合，所以需要更为合理的神经网络结构有效地减少神经网络中的参数个数。

下面使用卷积神经网络实现 MNIST 数字识别。

1. 加载数据

首先导入相关模块和 MNIST 数据集，"MNIST_data"是 MNIST 文件所在路径，one_hot 标记是指一个长度为 n 的数组，只有一个元素是 1.0，其他元素是 0.0（例如，在 n 为 5 的情况下，标记 3 对应的 one_hot 标记是 0.0 0.0 1.0 0.0 0.0）。使用 one_hot 的原因是使用 0 ～ 9 个类别的多分类的输出层是 softmax 层，它的输出是一个概率分布，要求输入的标记也以概率分布的形式出现，可以计算交叉熵，代码如 CORE0402 所示。

代码 CORE0402：加载数据
from __future__ import print_function import tensorflow as tf from tensorflow.examples.tutorials.mnist import input_data mnist = input_data.read_data_sets('MNIST_data', one_hot=True)

2. 构建模型

1）创建权重和偏置函数

卷积神经网络需要创建很多权值和偏置，函数封装便于重复使用。使用 tf.truncated_normal（正态分布噪声）给权值制造随机噪声打破对称，防止出现过拟合，并且标准差设置为 0.1，激活层使用 tf.nn.relu，为了避免死亡节点，给偏置也增加一些小的正值（0.1），代码如 CORE0403 所示。

代码 CORE0403：创建权值和偏置函数
设置权值 def weight_variable(shape): 　　　　initial = tf.truncated_normal(shape, stddev=0.1) 　　　　return tf.Variable(initial) # 设置偏差

```
def bias_variable(shape):
    initial = tf.constant(0.1, shape=shape)
    return tf.Variable(initial)
```

2）创建卷积层和池化层函数

tf.nn.conv2d 是 TensorFlow 中的二维卷积函数，x 是输入图片数据，W 是卷积参数（卷积核尺寸），strides 是移动步长，[1, 1, 1, 1] 代表移动采取数据图片的每一个点，padding 是边界处理方式，"SAME"代表给边界加上 padding，让卷积的输出和输入尺寸相同。

tf.nn.max_pool 是 TensorFlow 中的最大池化函数，此时使用 2×2 最大池化，将一个 2×2 的像素块降为 1×1 像素，最大池化会保留原始像素块中灰度值最高的像素（特征最显著的像素），strides 为 2×2 使图片数据整体缩小，若此时步长依旧为 1×1，图片尺寸将无任何变化，代码如 CORE0404 所示。

代码 CORE0404: 创建卷积层和池化层函数

```
# 卷积层
def conv2d(x, W):
# 图片参数、权重、步长、填充方式
    return tf.nn.conv2d(x, W, strides=[1, 1, 1, 1], padding='SAME')
# 池化层（最大池化）
def max_pool_2*2(x):
# 最大池化卷积核为 2×2
    return tf.nn.max_pool(x, ksize=[1,2,2,1], strides=[1,2,2,1], padding='SAME')
```

3）数据初始化

定义特征、标签和占位符，卷积神经网络使用 tf.reshape 将 1D 输入向量转换为 2D 图片结构（1×784 形式转换为 28×28 形式），[-1, 28, 28, 1] 代表最终尺寸，-1 代表样本数量不固定，28×28 代表数据图片数据尺寸，1 代表颜色通道（黑白色为 1，RGB 为 3），代码如 CORE0405 所示。

代码 CORE0405: 数据初始化

```
# 定义特征
xs = tf.placeholder(tf.float32, [None, 784])
# 定义标签
ys = tf.placeholder(tf.float32, [None, 10])
# 定义占位符
keep_prob = tf.placeholder(tf.float32)
#1D 输入向量转换为 2D 图片结构
x_image = tf.reshape(xs, [-1, 28, 28, 1])
```

4）搭建第一个卷积层

初始化权值和偏差，[5,5,1,32] 代表卷积核尺寸为 5×5，颜色通道为 1，32 个不同卷积核,使用 conv2d 函数进行卷积,加上偏置,然后使用 tf.nn.relu 激活函数进行非线性处理,最后使用 max_pool_2×2 函数进行最大池化,代码如 CORE0406 所示。

代码 CORE0406:搭建第一个卷积层

```
## 卷积层 1##
# 卷积核尺寸为 5×5,颜色通道为 1,32 个不同卷积核
W_conv1 = weight_variable([5,5, 1,32])
b_conv1 = bias_variable([32])
# 卷积、修正线性单元
# 输出尺寸 28×28×32
h_conv1 = tf.nn.relu(conv2d(x_image, W_conv1) + b_conv1)
# 池化
# 输出尺寸 14×14×32
h_pool1 = max_pool_2*2(h_conv1)
```

5)搭建第二个卷积层

通过第一个卷积层操作,数据长度为 14、宽度为 14、高度为 32,第二个卷积层卷积核为 64,卷积核提取 64 种特征,代码如 CORE0407 所示。

代码 CORE0407:搭建第二个卷积层

```
## 卷积层 2##
# 卷积核尺寸为 5×5,颜色通道为 32,64 个不同卷积核
W_conv2 = weight_variable([5,5, 32, 64])
b_conv2 = bias_variable([64])
# 卷积、修正线性单元
# 输出尺寸 14×14×64
h_conv2 = tf.nn.relu(conv2d(h_pool1, W_conv2) + b_conv2)
# 池化
# 输出尺寸 7×7×64
h_pool2 = max_pool_2×2(h_conv2)
```

6)搭建全连接层

经过两个卷积层操作,此时图片尺寸由 28×28 变为 7×7,输出张量为 7×7×64,使用 tf.reshape 将 3D 数据变为 1D 数据,连接全连接层,隐藏节点为 1024,使用 tf.nn.relu 进行非线性处理。为了防止过拟合,使用 tf.nn.dropout,通过占位符 h_fc1 传入 keep_prob 比率进行控制,训练数据时,随机丢弃一部分节点的数据减轻过拟合,在预测时则保留全部数据达到最好的预测效果。最后将 tf.nn.dropout 后的数据连接到 softmax 分类器得到最后的概率输出,代码如 CORE0408 所示。

代码 CORE0408:搭建全连接层

```
## 全连接层 ##
```

```
W_fc1 = weight_variable([7×7×64, 1024])
b_fc1 = bias_variable([1024])
# 展平 3D 变为 1D
h_pool2_flat = tf.reshape(h_pool2, [-1, 7×7×64])
# 非线性处理
h_fc1 = tf.nn.relu(tf.matmul(h_pool2_flat, W_fc1) + b_fc1)
# 防止过拟合
h_fc1_drop = tf.nn.dropout(h_fc1, keep_prob)
# 输入是 1024，最后的输出是 10 个，mnist 数据集是 [0~9] 十个类
W_fc2 = weight_variable([1024, 10])
b_fc2 = bias_variable([10])
#softmax 分类器，输出是各个类的概率
prediction = tf.nn.softmax(tf.matmul(h_fc1_drop, W_fc2) + b_fc2)
```

7）计算误差并优化，创建检查点文件

定义损失函数为 cross_entropy，优化器使用 Adam 自适应随机优化，学习率设置为 10^{-4}，并且创建检查点文件，使训练文件实时保存，代码如 CORE0409 所示。

代码 CORE0409：计算误差并优化，创建检查点文件

```
# 交叉熵损失函数
cross_entropy = tf.reduce_mean(-tf.reduce_sum(ys × tf.log(prediction),
                                    reduction_indices=[1]))
#Adam 优化器进行优化
train_step = tf.train.AdamOptimizer(1e-4).minimize(cross_entropy)
# 创建检查点文件
saver = tf.train.Saver()
```

3. 训练和评估模型

最后进行手写数字识别的训练和评估，初始化变量并创建一个评估函数，进行 1000 次训练迭代，每次训练大小是 100 批次，每次训练时 Dropout 的 keep_prob 比率是 0.5，此时参与训练样本总共为 10 万。每 100 次训练就会对准确率进行评估，并保存检查点文件，效果如图 4.23 所示。

```
Extracting MNIST_data\train-images-idx3-ubyte.gz
Extracting MNIST_data\train-labels-idx1-ubyte.gz
Extracting MNIST_data\t10k-images-idx3-ubyte.gz
Extracting MNIST_data\t10k-labels-idx1-ubyte.gz
0.12
0.872
0.909
0.939
0.947
0.955
0.961
0.961
0.965
0.97
```

图 4.23　CNN 修改 MNIST 数字识别

使用 CNN 训练 MNIST 手写数字，实现代码如 CORE0410 所示。

```
代码 CORE0410: 训练和评估模型

# 评估模型函数
def compute_accuracy(v_xs, v_ys):
    global prediction
    y_pre = sess.run(prediction, feed_dict={xs: v_xs, keep_prob: 1})
    correct_prediction = tf.equal(tf.argmax(y_pre,1), tf.argmax(v_ys,1))
    accuracy = tf.reduce_mean(tf.cast(correct_prediction, tf.float32))
    result = sess.run(accuracy, feed_dict={xs: v_xs, ys: v_ys, keep_prob: 1})
    return result
with tf.Session() as sess:
    # 根据版本选择变量初始化方式
    if int((tf.__version__).split('.')[1]) < 12 and int((tf.__version__).split('.')[0]) < 1:
        init = tf.initialize_all_variables()
    else:
        init = tf.global_variables_initializer()
    sess.run(init)
    for i in range(1000):
        batch_xs, batch_ys = mnist.train.next_batch(100)
        sess.run(train_step, feed_dict={xs: batch_xs, ys: batch_ys, keep_prob: 0.5})
        f i % 100 == 0:
            print(compute_accuracy(mnist.test.images[:1000],
                                    mnist.test.labels[:1000]))
            # 检查点文件实时保存
            save_path = saver.save(sess, 'my_net/save_net.ckpt')
```

技能点 5　图像数据处理

CNN 使图像处理得到迅速发展，改进算法可以提高图像处理的精度和速度，喜欢摄影的读者都知道图像的亮度、对比度对图像的影响是非常大的，相同图片在不同亮度、对比度下差别很大，在图像识别中这些因素都会影响到最后的识别结果，所以通过对图像进行预处理尽可能地减少图片中的无关因素，可以进一步提升图像识别的精度和训练速度。

1. 图像编码处理

TensorFlow 以从磁盘快速加载文件为目标，使用 TensorFlow 加载图像的方式与加载其他类型的文件类似，不同的是加载图像过程中图像内容需要解码，在 TensorFlow 中解码图像的步骤为先使用 tf.image.decode_jpeg 方法进行解码操作，之后使用 pylot 工具将三维矩

阵转换为 JPEG 格式图像并打开,如图 4.24 所示。使用 TensorFlow 技术实现图 4.25 的编码
处理,实现效果图 4.26 所示。

图 4.24　小狗图片

图 4.26　图像解码　　　　　　　　　图 4.25　图像编码

TensorFlow 实现图像编码和解码,代码如 CORE0411 所示。

代码 CORE0411:图像编码处理

```
import matplotlib.pyplot as plt
import tensorflow as tf
import numpy as np
# 读取图像
image_raw_data = tf.gfile.FastGFile('im.jpg','rb').read()
with tf.Session() as sess:
    #JPEG 图片解码
    img_data = tf.image.decode_jpeg(image_raw_data)
    # 输出解码后的三维矩阵
    print (img_data.eval())
    # 将三维矩阵转换为 JPEG 图片并可视化
    plt.imshow(img_data.eval())
    plt.show()
```

处理图像时,注意加载原始图像所需的内存,若一个批数据中的图像过大或过多,系统可能会停止响应。

2. 图像格式

1)JPEG 与 PNG

TensorFlow 拥有两种对图像数据解码的格式:一种是 tf.image.decode_jpeg(解码 JPEG 图像);另一种是 tf.image.decode_png(解码 PNG 图像)。在计算机视觉处理中,这是比较常见的文件格式,并且其他文件格式转换为这两种格式非常容易。JPEG 图像不会存储任何 alpha 通道的信息,但 PNG 图像会,若训练模型时需要利用 alpha 信息(透明度),则需要使用 tf.image.decode-png。

不要过于频繁地操作 JPEG 图像,这样会留下一些伪影(artifact)。通常 PNG 图像可以很好地工作,PNG 格式采用的是无损压缩,它会保留原始文件中的全部信息(除非被缩放或降采样),PNG 格式的缺点在于文件体积相比 JPEG 要大一些。

2)TFRecord

TFRecord 是 TensorFlow 的一种内置文件格式,它是一种二进制文件,能够更好地利用内存,更方便地复制和移动,TFRecord 格式通过预处理将每幅输入图像和与之关联的标签放在同一文件中,而不需要单独的标记文件。

通过下面的程序讲解如何将 MNIST 数据转换为 TFRecord 格式,首先将 MNIST 数据集中所有训练集存储为 TFRecord 格式,之后在"Records"文件中生成"output.tfrecords"文件,当数据量较大时也可以写入为多个 TFRecord 文件,代码如 CORE0412 所示。

代码 CORE0412:将 MNIST 数据转化为 TFRecord 格式

```python
import tensorflow as tf
from tensorflow.examples.tutorials.mnist import input_data
import numpy as np
# 生成整数型属性
def int64_feature(value):
    return tf.train.Feature(int64_list=tf.train.Int64List(value=[value]))
# 生成字符串型属性
def bytes_feature(value):
    return tf.train.Feature(bytes_list=tf.train.BytesList(value=[value]))
# 读取 MNIST 数据
mnist = input_data.read_data_sets('MNIST_data',dtype=tf.uint8, one_hot=True)
images = mnist.train.images
labels = mnist.train.labels
pixels = images.shape[1]
num_examples = mnist.train.num_examples
# 输出 TFRecord 文件后存放地址
filename = 'Records/output.tfrecords'
# 写 TFRecord 文件
```

```
writer = tf.python_io.TFRecordWriter(filename)
for index in range(num_examples):
    # 将图像矩阵转换为字符串
    image_raw = images[index].tostring()
  # 写入协议缓冲区中，pixels、label 编码成 int64 类型，image_raw 编码成二进制
    example = tf.train.Example(features=tf.train.Features(feature={
        'pixels': int64_feature(pixels),
        'label': int64_feature(np.argmax(labels[index])),
        'image_raw': bytes_feature(image_raw)
    }))
    # 序列化为字符串
    writer.write(example.SerializeToString())
writer.close()
print('TFRecord 文件已保存 ')
```

实现从 TFRecord 格式文件中读取数据，代码如 CORE0413 所示。

代码 CORE0413：从 TFRecord 格式文件中读取数据

```
import tensorflow as tf
# 读取 TFRecord 文件
reader = tf.TFRecordReader()
# 创建一个队列来维护输入文件列表
filename_queue = tf.train.string_input_producer(['Records/output.tfrecords'])
# 从文件中读取一个样例，可使用 read_up_to 函数一次读取多个样例
serialized_example = reader.read(filename_queue)
# 解析读取的一个样例，可使用 parse_example 函数解析多个样例
features = tf.parse_single_example(
    serialized_example,
    features={
        'image_raw':tf.FixedLenFeature([],tf.string),
        'pixels':tf.FixedLenFeature([],tf.int64),
        'label':tf.FixedLenFeature([],tf.int64)
    })
# 将字符串解析为图像对应的像素组
images = tf.decode_raw(features['image_raw'],tf.uint8)
labels = tf.cast(features['label'],tf.int32)
pixels = tf.cast(features['pixels'],tf.int32)
sess = tf.Session()
# 启动多线程处理输入数据
```

```
coord = tf.train.Coordinator()
threads = tf.train.start_queue_runners(sess=sess,coord=coord)
# 每次运行可以读取 TFRcord 文件中的一个样例
for i in range(10):
    image, label, pixel = sess.run([images, labels, pixels])
```

训练神经网络时推荐使用 TFRecord 文件,建议在训练之前对图像进行预处理并将预处理结果保存下来,有利于提高训练速度。

3. 图像操作

图像能够通过可视化的方式传达复杂场景所蕴含的某种目标主题。在图 4.24 中,小狗咬着一支玫瑰花,此时分析训练 CNN 模型可能对小狗更为关注而忽略了玫瑰花,若想突出玫瑰花的重要性,可以对图像进行处理,使玫瑰花成为真正被突出的对象。

对于图像的处理操作通常在预处理阶段完成,预处理包括对图像裁剪、缩放、灰度调整等。也可以在训练模型时进行图像处理,虽然会增加训练时间,但是可以使输入网络的信息多样化而缓解过拟合。

1)图像大小调整

获取数据集的方式是多样的,获取到的图像的大小也是不固定的,但神经网络输入节点个数是固定的,所以在将图像数据输入到神经网络之前,需要将图像大小统一,效果如图 4.27 所示。

图 4.27　图像大小调整

TensorFlow 实现图像大小调整,代码如 CORE0414 所示。

代码 CORE0414:图像大小调整

```
import tensorflow as tf
import numpy as np
import matplotlib.pyplot as plt
```

```
# 读取图像
image_raw_data = tf.gfile.FastGFile('im.jpg','rb').read()
#JPEG 图片解码
img_data = tf.image.decode_jpeg(image_raw_data)
with tf.Session() as sess:
    # 图像数据调整后图像大小,调整图像算法使用双线性插值
    resized = tf.image.resize_images(img_data, [300, 200], method=0)
    #TensorFlow 的函数处理图片后存储的数据是 float32 格式,需要转换成 uint8
    # 格式才能正确打印图片
    # 输出图片数据格式
    print ('Digital type:', resized.dtype)
    # 转换为 uint8 格式
    dog = np.asarray(resized.eval(), dtype='uint8')
    plt.imshow(dog)
    plt.show()
```

2)图像裁剪和填充

当图像像素太低时,将图像放大就会使其失真,此时就可以进行填充。若想获取图像的关键部位而避免其余部位的干扰,比如在图 4.24 中,小狗咬着一支玫瑰花,只想保留狗,可以进行图像裁剪,原始尺寸是 900×859,tf.image.resize_image_with_crop_or_pad 调整图像的尺寸为 1000×1000,原始图像的尺寸小于目标图像,此时会自动在原始图像四周填充 0 背景,效果如图 4.28 所示。设置目标图像尺寸高为 600、宽为 400,原始图像尺寸大于目标图像,此时自动裁取图像居中部分,裁剪后图像尺寸为 400×600,效果如图 4.29 所示。也可以使用 tf.image.central_crop 按比例裁剪图像,比例范围为 0~1,裁剪 0.5 比例(50%)效果如图 4.30 所示。

图 4.28　图像填充

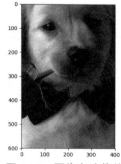

图 4.29　图像自动裁剪

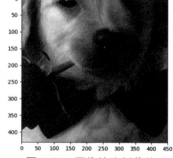

图 4.30　图像按比例裁剪

TensorFlow 实现图像裁剪和填充,代码如 CORE0415 所示。

代码 CORE0415:图像裁剪和填充

```
import tensorflow as tf
import numpy as np
```

```
import matplotlib.pyplot as plt
# 读取图像
image_raw_data = tf.gfile.FastGFile('im.jpg','rb').read()
#JPEG 图片解码
img_data = tf.image.decode_jpeg(image_raw_data)
with tf.Session() as sess:
    # 图像填充
    croped = tf.image.resize_image_with_crop_or_pad(img_data, 1000, 1000)
    # 图像裁剪
    padded = tf.image.resize_image_with_crop_or_pad(img_data, 600, 400)
    # 截取中间 50% 图像
    central_cropped = tf.image.central_crop(img_data, 0.5)
    plt.imshow(croped.eval())
    plt.show()
    plt.imshow(padded.eval())
    plt.show()
    plt.imshow(central_cropped.eval())
    plt.show()
```

3）图像翻转

TensorFlow 可以对图像进行翻转操作，其中 tf.image.flip_up_down 方法可以实现上下翻转，如图 4.31 所示；tf.image.flip_left_right 方法可以实现左右翻转，如图 4.32 所示；tf.image.transpose_image 方法可以实现对角线翻转，如图 4.33 所示。

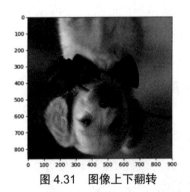

图 4.31　图像上下翻转

图 4.32　图像左右翻转

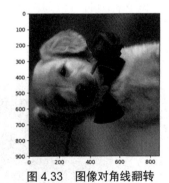

图 4.33　图像对角线翻转

TensorFlow 实现图像翻转，代码如 CORE0416 所示。

代码 CORE0416：图像翻转

```
Import tensorflow as tf
import numpy as np
import matplotlib.pyplot as plt
# 读取图像
```

```
image_raw_data = tf.gfile.FastGFile('im.jpg','rb').read()
#JPEG 图片解码
img_data = tf.image.decode_jpeg(image_raw_data)
with tf.Session() as sess:
# 上下翻转
flipped1 = tf.image.flip_up_down(img_data)
# 左右翻转
flipped2 = tf.image.flip_left_right(img_data)
# 对角线翻转
transposed = tf.image.transpose_image(img_data)
plt.imshow(flipped1.eval())
plt.show()
plt.imshow(flipped2.eval())
plt.show()
plt.imshow(transposed.eval())
plt.show()
# 以一定概率上下翻转图片
#flipped = tf.image.random_flip_up_down(img_data)
# 以一定概率左右翻转图片
#flipped = tf.image.random_flip_left_right(img_data)
```

4）图像色彩调整

调整图像的亮度、对比度和色相在图像识别中通常不会影响到识别结果，所以在训练神经网络模型时可以随机调整训练这些图像属性。其中，tf.image.adjust_brightness 可以实现亮度调整，如图 4.34 和图 4.35 所示；tf.image.adjust_contrast 可以实现对比度调整，如图 4.36 和图 4.37 所示。

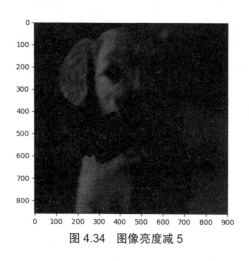

图 4.34 图像亮度减 5

图 4.35 图像亮度加 5

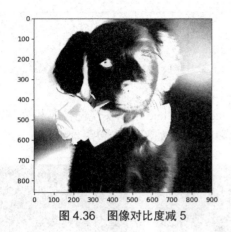

图 4.36　图像对比度减 5　　　　　　　图 4.37　图像对比度加 5

TensorFlow 实现图像色彩调整，代码如 CORE0417 所示。

代码 CORE0417：图像色彩调整

```
import tensorflow as tf
import numpy as np
import matplotlib.pyplot as plt
# 读取图像
image_raw_data = tf.gfile.FastGFile('im.jpg','rb').read()
#JPEG 图片解码
img_data = tf.image.decode_jpeg(image_raw_data)
with tf.Session() as sess:
    # 将图片的亮度 -5
    adjusted1 = tf.image.adjust_brightness(img_data, -5)
    # 将图片的亮度 +5
    adjusted2 = tf.image.adjust_brightness(img_data, 5)
    # 在 [-max_delta, max_delta) 的范围随机调整图片的亮度
    #adjusted = tf.image.random_brightness(img_data, max_delta=5)
    # 将图片的对比度 -5
    adjusted3 = tf.image.adjust_contrast(img_data, -5)
    # 将图片的对比度 +5
    adjusted4 = tf.image.adjust_contrast(img_data, 5)
    # 在 [lower, upper] 的范围随机调整图的对比度。
    #adjusted = tf.image.random_contrast(img_data, lower, upper)
    plt.imshow(adjusted1.eval())
    plt.show()
    plt.imshow(adjusted2.eval())
    plt.show()
    plt.imshow(adjusted3.eval())
```

```
        plt.show()
        plt.imshow(adjusted4.eval())
        plt.show()
```

5）图像色相和饱和度调整

对图像色相和饱和度调整，通过设置 tf.image.adjust_hue 可以实现图像色相处理，如图 4.38 所示；tf.image.adjust_saturation 可以实现饱和度调整，如图 4.39 和图 4.40 所示。

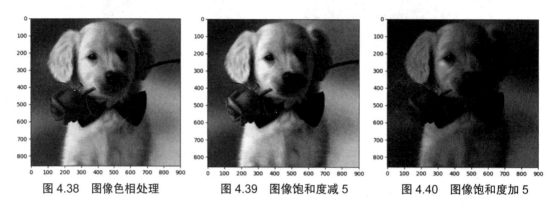

图 4.38　图像色相处理　　　　图 4.39　图像饱和度减 5　　　　图 4.40　图像饱和度加 5

TensorFlow 实现图像色相和饱和度调整，代码如 CORE0418 所示。

代码 CORE0418：图像色相和饱和度调整

```
import tensorflow as tf
import numpy as np
import matplotlib.pyplot as plt
# 读取图像
image_raw_data = tf.gfile.FastGFile('im.jpg','rb').read()
#JPEG 图片解码
img_data = tf.image.decode_jpeg(image_raw_data)
with tf.Session() as sess:
# 调整图片色相
    adjusted1 = tf.image.adjust_hue(img_data, 0.1)
    #adjusted = tf.image.adjust_hue(img_data, 0.3)
    #adjusted = tf.image.adjust_hue(img_data, 0.6)
    #adjusted = tf.image.adjust_hue(img_data, 0.9)
    # 在 [-max_delta, max_delta] 的范围随机调整图片的色相，max_delta 的取值在
    #0 至 0.5 之间
    #adjusted = tf.image.random_hue(image, max_delta)
    # 将图片的饱和度 -5。
    adjusted2 = tf.image.adjust_saturation(img_data, -5)
```

```
# 将图片的饱和度 +5。
adjusted3 = tf.image.adjust_saturation(img_data, 5)
# 在 [lower, upper] 的范围随机调整图的饱和度
#adjusted = tf.image.random_saturation(img_data, lower, upper)
plt.imshow(adjusted1.eval())
plt.show()
plt.imshow(adjusted2.eval())
plt.show()
plt.imshow(adjusted3.eval())
plt.show()
```

6）图像截取

随机截取图片上有信息含量的部分有助于提高神经网络模型的健壮性，使训练的模型不受被识别物体大小的影响。通过 tf.image.draw_bounding_boxes 实现图像绘制标记框，效果如图 4.41 所示；tf.slice 实现图像随机截取，效果如图 4.42 所示。

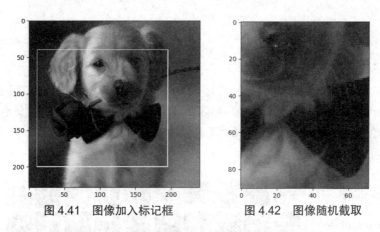

图 4.41 图像加入标记框　　　图 4.42 图像随机截取

TensorFlow 实现图像截取，代码如 CORE0419 所示。

代码 CORE0419：图像截取

```
import tensorflow as tf
import numpy as np
import matplotlib.pyplot as plt
# 读取图像
# 当图片像素过大时会出现图片绘制标记框差缺的问题
image_raw_data = tf.gfile.FastGFile('im.jpg','rb').read()
#JPEG 图片解码
img_data = tf.image.decode_jpeg(image_raw_data)
with tf.Session() as sess:
    boxes = tf.constant([[[0.05, 0.05, 0.9, 0.7], [0.35, 0.47, 0.5, 0.56]]])
```

```
begin, size, bbox_for_draw = tf.image.sample_distorted_bounding_box(
    tf.shape(img_data), bounding_boxes=boxes)
# 图像随机绘制标记框
batched = tf.expand_dims(tf.image.convert_image_dtype(img_data, tf.float32), 0)
image_with_box = tf.image.draw_bounding_boxes(batched, bbox_for_draw)
# 随机截取图像，算法带有随机性，所以每次结果不同
distorted_image = tf.slice(img_data, begin, size)
# 图像绘制标记框可视化
#[229, 240, 3] 代表图像尺寸高为 229，宽为 240，3 代表彩色图片
plt.imshow(image_with_box.eval().reshape([[229, 240, 3]]))
plt.show()
# 绘制区域图像截取可视化
plt.imshow(distorted_image.eval())
plt.show()
```

CIFAR-10 是一个经典的数据集，一共标记 10 类（airplane、automobile、bird、cat、deer、dog、frog、horse、ship 和 truck）。如图 4.43 所示，每一类图片 6000 张，共计包含 60000 张 32×32 的彩色图像，其中训练集 50000 张，测试集 10000 张，它还有一个兄弟版本 CIFAR-100 标记了 100 个种类。

图 4.43　CIFAR-10 数据集

根据图 4.1 基本流程，通过下面六个步骤的操作，实现图 4.2 所示的图像识别效果。

第一步：下载 TensorFlow Models 库和 CIFAR-10 数据集。

下载 TensorFlow Models 库，https://github.com/tensorflow。

下载 CIFAR-10 数据集，http://www.cs.toronto.edu/~kriz/cifar.html。

第二步：载入常用库，并载入 TensorFlow Models 中读取 CIFAR-10 数据的类，代码如 CORE0420 所示。

代码 CORE0420：载入常用库

```
import cifar10_input
import tensorflow as tf
import numpy as np
import time
import math
```

第三步：数据初始化，定义初始化权值函数，将训练集和测试集的标签和特征提取出来，并创建输入数据的 placeholder，代码如 CORE0421 所示。

代码 CORE0421：数据初始化

```
# 定义初始化权值函数
def variable_with_weight_loss(shape, stddev, wl):
    # 使用 tf.truncated_normal 切断的正态分布来初始化权重
    var = tf.Variable(tf.truncated_normal(shape, stddev=stddev))
    if wl is not None:
        #L2 正则化处理，防止过拟合
        weight_loss = tf.multiply(tf.nn.l2_loss(var), wl, name='weight_loss')
        # 将 weight_loss 保存到一个 collection 并命名为 losses，后面计算神经网络
        # 总体 loss 要用
        tf.add_to_collection('losses', weight_loss)
return var
# 获取 CIFAR-10 训练集特征和标签
images_train, labels_train = cifar10_input.distorted_inputs(data_dir=data_dir,
                                                    batch_size=batch_size)
# 获取 CIFAR-10 测试集特征和标签
images_test, labels_test = cifar10_input.inputs(eval_data=True,
                                        data_dir=data_dir,
                                        batch_size=batch_size)
# 创建输入数据 placeholder：特征，突破尺寸 24×24，颜色通道为 3
image_holder = tf.placeholder(tf.float32, [batch_size, 24, 24, 3])
# 创建输入数据 placeholder：标签
label_holder = tf.placeholder(tf.int32, [batch_size])
```

第四步：搭建卷积神经网络，搭建两个卷积层和三个全连接层，代码如 CORE0422 所示。

代码 CORE0422：搭建卷积神经网络

```
# 第一个卷积层
# 卷积核大小为 5×5，颜色通道为 3，卷积核数量为 64（输出通道 64），weight 初
# 始化设置标准差为 0.05
weight1 = variable_with_weight_loss(shape=[5, 5, 3, 64], stddev=5e−2, wl=0.0)
# 卷积操作，步长为 1，填充方式为 SAME
kernel1 = tf.nn.conv2d(image_holder, weight1, [1, 1, 1, 1], padding='SAME')
# 将本层 bias 初始化为 0
bias1 = tf.Variable(tf.constant(0.0, shape=[64]))
#bias 和卷积结果相加，relu 激活函数非线性化处理
conv1 = tf.nn.relu(tf.nn.bias_add(kernel1, bias1))
# 最大池化操作，卷积核尺寸 3×3，步长 2×2
pool1 = tf.nn.max_pool(conv1, ksize=[1, 3, 3, 1], strides=[1, 2, 2, 1],
                       padding='SAME')
#LRN 处理，抑制其他反馈较小的神经元，增强模型的泛化能力
norm1 = tf.nn.lrn(pool1, 4, bias=1.0, alpha=0.001 / 9.0, beta=0.75)
# 第二个卷积层
# 三维输入通道连接第一个卷积层输出，设置为 64
weight2 = variable_with_weight_loss(shape=[5, 5, 64, 64], stddev=5e−2, wl=0.0)
kernel2 = tf.nn.conv2d(norm1, weight2, [1, 1, 1, 1], padding='SAME')
# 将本层 bias 初始化为 0.1
bias2 = tf.Variable(tf.constant(0.1, shape=[64]))
conv2 = tf.nn.relu(tf.nn.bias_add(kernel2, bias2))
# 先 LRN 处理，再进行最大池化操作
norm2 = tf.nn.lrn(conv2, 4, bias=1.0, alpha=0.001 / 9.0, beta=0.75)
pool2 = tf.nn.max_pool(norm2, ksize=[1, 3, 3, 1], strides=[1, 2, 2, 1],
                       padding='SAME')

# 第一个全连接层
# 使用 tf.reshape 将第二次卷积的结果转换为一维
reshape = tf.reshape(pool2, [batch_size, −1])
# 获取数据扁平化后的长度
dim = reshape.get_shape()[1].value
# 对全连接层的权值初始化，隐藏节点为 384，正态分布标准差 0.04
weight3 = variable_with_weight_loss(shape=[dim, 384], stddev=0.04, wl=0.004)
#bias 值初始化为 0.1
bias3 = tf.Variable(tf.constant(0.1, shape=[384]))
```

```
# 非线性化处理
local3 = tf.nn.relu(tf.matmul(reshape, weight3) + bias3)
# 第二个全连接层
# 隐藏节点减半为 192
weight4 = variable_with_weight_loss(shape=[384, 192], stddev=0.04, wl=0.004)
bias4 = tf.Variable(tf.constant(0.1, shape=[192]))
local4 = tf.nn.relu(tf.matmul(local3, weight4) + bias4)
# 第三个全连接层
weight5 = variable_with_weight_loss(shape=[192, 10], stddev=1/192.0, wl=0.0)
bias5 = tf.Variable(tf.constant(0.0, shape=[10]))
logits = tf.add(tf.matmul(local4, weight5), bias5)
```

第五步：计算误差并优化，代码如 CORE0423 所示。

代码 CORE0423：计算误差

```
# 计算误差函数
def loss(logits, labels):
    labels = tf.cast(labels, tf.int64)
    cross_entropy = tf.nn.sparse_softmax_cross_entropy_with_logits(
        logits=logits, labels=labels, name='cross_entropy_per_example')
    cross_entropy_mean = tf.reduce_mean(cross_entropy, name='cross_entropy')
    tf.add_to_collection('losses', cross_entropy_mean)
    return tf.add_n(tf.get_collection('losses'), name='total_loss')
# 计算误差
loss = loss(logits, label_holder)
# 设置优化器，学习率为 1e-3
train_op = tf.train.AdamOptimizer(1e-3).minimize(loss)
# 使用 tf.nn.in_top_k 函数输出结果中 top k 的准确性，默认使用 top 1（准确率最高
# 类）
top_k_op = tf.nn.in_top_k(logits, label_holder, 1)
```

第六步：训练数据集并评估，代码如 CORE0424 所示。

代码 CORE0424：训练数据集并评估

```
with tf.Session() as sess:
    # 初始化变量
    tf.global_variables_initializer().run()
    # 启动图片数据增强的线程队列，共使用 16 个线程加速，若这里不启动线程，无
    # 法进行训练操作
    tf.train.start_queue_runners()
```

```python
# 训练 3000 次
for step in range(max_steps):
    # 记录训练时间
    start_time = time.time()
    image_batch,label_batch = sess.run([images_train,labels_train])
    loss_value = sess.run([train_op, loss],feed_dict={image_holder:
                                image_batch,
                                label_holder:label_batch})
    duration = time.time() − start_time
    # 每 100 次输出提示信息
    if step % 100 == 0:
        examples_per_sec = batch_size / duration
        sec_per_batch = float(duration)
        format_str = ('step %d, loss = %.2f (%.1f examples/sec; %.3f sec/batch)')
        # 输出当前 loss、每秒钟训练的样本数量、训练一个 batch 数据花费的时间
        print(format_str % (step, loss_value, examples_per_sec, sec_per_batch))
# 评测模型在测试集上的准确率
# 测试集一共有 10000 个样本
num_examples = 10000
# 计算一共需要多少批次
num_iter = int(math.ceil(num_examples / batch_size))
true_count = 0
total_sample_count = num_iter * batch_size
step = 0
while step < num_iter:
    # 获取训练集特征和标签数据
    image_batch,label_batch = sess.run([images_test,labels_test])
    # 执行 top_k_op 计算模型,并计算 batch 的 top 1 上预测正确的样本数
    predictions = sess.run([top_k_op],feed_dict={image_holder: image_batch,
                                label_holder:label_batch})
    # 汇总所有预测正确的结果
    true_count += np.sum(predictions)
    # 计算全部测试样本中预测正确的数量
    step += 1
# 计算准确率,并打印输出
precision = true_count / total_sample_count
print('precision @ 1 = %.3f' % precision)
```

至此 CIFAR-10 实现图像识别完成。

【拓展目的】

在任务实施中 CITAR-10 实现图像识别所有的神经网络都是自行编写的,除了使用这种方式实现深度学习,还可以借助比较优秀的框架模型,这样在开发过程中底层的神经网络无须编写,直接套用框架,修改框架模型最后的判断输出,下面使用 GoogleNet:Inception-v3 框架模型实现图像识别。

【拓展内容】

本案例中提前准备好一张猫的图片,如图 4.44 所示,使用 Inception-v3 框架模型实现图像识别,效果如图 4.45 所示。

图 4.44　猫图像

```
images/1.jpg
Egyptian cat (score = 0.46089)
tabby, tabby cat (score = 0.11761)
tiger cat (score = 0.05552)
window screen (score = 0.03847)
Siamese cat, Siamese (score = 0.01925)
```

图 4.45　Inception-v3 框架模型实现猫图像识别

【拓展步骤】

1. 设计思路

下载 Inception-v3 框架模型和数据集,直接使用数据集即可进行图像识别。

2. 代码实现

代码如 CORE0425 所示。

代码 CORE0425:Inception-v3 框架模型实现图像识别
import tensorflow as tf

```python
import os
import numpy as np
import re
from PIL import Image
import matplotlib.pyplot as plt
# 数据集操作
class NodeLookup(object):
    def __init__(self):
        label_lookup_path =
'inception_model/imagenet_2012_challenge_label_map_proto.pbtxt'
        uid_lookup_path =
'inception_model/imagenet_synset_to_human_label_map.txt'
        self.node_lookup = self.load(label_lookup_path, uid_lookup_path)
    # 对特征和标签进行数据清洗
    def load(self, label_lookup_path, uid_lookup_path):
        # 加载分类字符串 n×××××××× 对应分类名称的文件
        proto_as_ascii_lines = tf.gfile.GFile(uid_lookup_path).readlines()
        uid_to_human = {}
        # 一行一行读取数据
        for line in proto_as_ascii_lines :
            # 去掉换行符
            line=line.strip('\n')
            # 按照 '\t' 分割
            parsed_items = line.split('\t')
            # 获取分类编号
            uid = parsed_items[0]
            # 获取分类名称
            human_string = parsed_items[1]
            # 保存编号字符串与分类名称映射关系
            uid_to_human[uid] = human_string
        # 加载分类字符串对应分类编号 1~1000 的文件
        proto_as_ascii = tf.gfile.GFile(label_lookup_path).readlines()
        node_id_to_uid = {}
        for line in proto_as_ascii:
            if line.startswith('target_class:'):
                # 获取分类编号 1~1000
                target_class = int(line.split(': ')[1])
            if line.startswith('target_class_string:'):
```

```
                    # 获取编号字符串
                    target_class_string = line.split(': ')[1]
                    # 保存分类编号 1~1000 与编号字符串映射关系
                    node_id_to_uid[target_class] = target_class_string[1:-2]
            # 建立分类编号 1~1000 对应分类名称的映射关系
            node_id_to_name = {}
            for key, val in node_id_to_uid.items():
                # 获取分类名称
                name = uid_to_human[val]
                # 建立分类编号 1~1000 到分类名称的映射关系
                node_id_to_name[key] = name
            return node_id_to_name
        # 传入分类编号 1~1000 返回分类名称
        def id_to_string(self, node_id):
            if node_id not in self.node_lookup:
                return ''
            return self.node_lookup[node_id]
# 载入 Google 训练的框架模型
with tf.gfile.FastGFile('inception_model/classify_image_graph_def.pb', 'rb') as f:
    graph_def = tf.GraphDef()
    graph_def.ParseFromString(f.read())
    tf.import_graph_def(graph_def, name=' ')
with tf.Session() as sess:
    softmax_tensor = sess.graph.get_tensor_by_name('softmax:0')
    # 遍历图片目录
    for root,dirs,files in os.walk('images/'):
        for file in files:
            # 载入图片
            image_data = tf.gfile.FastGFile(os.path.join(root,file), 'rb').read()
            # 图片格式是 jpeg 格式
            predictions = sess.run(softmax_tensor,{'DecodeJpeg/contents:0':
                                image_data})
            # 把结果转为 1 维数据
            predictions = np.squeeze(predictions)
            # 打印图片路径及名称
            image_path = os.path.join(root,file)
            # 输出文件路径及文件名
            print(image_path)
```

```
# 显示图片
img=Image.open(image_path)
plt.imshow(img)
plt.axis(' off ')
plt.show()
# 由大到小输出概率排名前五的标签
top_k = predictions.argsort()[-5:][::-1]
node_lookup = NodeLookup()
for node_id in top_k:
    # 获取分类名称
    human_string = node_lookup.id_to_string(node_id)
    # 获取该分类的置信度
    score = predictions[node_id]
    print(' %s (score = %.5f)' % (human_string, score))
```

运行程序,图像识别结果为:埃及猫(得分 = 0.46089),虎斑,虎斑猫(得分 = 0.11761),虎猫(得分 = 0.05552),窗口屏幕(得分 = 0.03847),暹罗猫(得分 = 0.01925),分析认为有46% 的概率为埃及猫并且概率最大。

本任务通过 CIFAR-10 图像识别功能的实现,对卷积神经网络的结构和模型有了初步了解,并且对卷积神经网络的搭建使用和图像数据处理有所了解并掌握,能够通过所学卷积神经网络和图像数据处理等相关知识作出 CIFAR-10 图像识别的效果。

fully connected neural network	全连接神经网络
training set	训练集
convolutional neural network	卷积神经网络
training set	训练集
convolution	卷积
weight sharing	权值共享
bias	偏置
pool	池化
overfitting	过拟合
code	编码

任务习题

一、选择题

1. 卷积神经网络架构不包含（　　　）。

A. 输入层　　　　　B. 卷积层　　　　　C. 激励层　　　　　D. 输出层

2.AlexNet 之后卷积神经网络的演化过程主要有 4 个方向，以下说法错误的是（　　　）。

A. 网络加深　　　　　　　　　　B. 增加新的功能模块

C. 从分类任务到处理任务　　　　D. 增强卷积层的功能

3.AlexNet 网络结构共有（　　　）层。

A. 2　　　　　　　B. 4　　　　　　　C. 6　　　　　　　D. 8

4.VGG 网络结构比较简洁，其组成不包括（　　　）。

A. ReLU　　　　　B. Dropout　　　　C. 小池化核　　　　D. 小卷积核

5.TensorFlow 可以对图像进行翻转操作，以下不包含的方法是（　　　）。

A. tf.image.flip_front_later　　　　　　B. tf.image.flip_up_down

C. tf.image.flip_left_right　　　　　　D. tf.image.transpose_image

二、填空题

1. 卷积神经网络是一种 _____ 神经网络结构。

2. 通常全连接层在卷积神经网络尾部，主要功能是 _____ 的作用。

3. 卷积神经网络起源是 _____ 模型。

4.VGGNet 探索卷积神经网络的 _____ 与其性能之间的关系。

5. 通过对图像进行 _____ 尽可能地减少图片中的无关因素，可以进一步提升图像识别的精度和训练速度。

三、上机题

为了神经网络训练速度通常会将数据集转换为二进制文件，使用 TFRecord 将 MNIST 数据集转换为二进制形式，然后搭建卷积神经网络进行训练。

项目五　MNIST 数字识别可视化

通过实现 MNIST 数字识别可视化，了解 PlayGround 图形化平台，学习可视化工具 TensorBoard 的相关知识，掌握 TensorBoard 实现可视化的流程及方法，具备使用 TensorBoard 实现数字识别可视化的能力。在任务实现过程中：

➢ 了解 PlayGround 图形化平台；

➢ 学习可视化工具 TensorBoard 的相关知识；

➢ 掌握 TensorBoard 实现可视化的流程及方法；

➢ 具备使用 TensorBoard 实现数字识别可视化的能力。

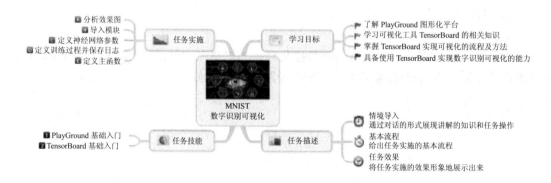

【情境导入】

【基本流程】

基本流程如图 5.1 所示,通过对流程图分析可以了解 MNIST 手写数字识别、Tensor-Board 可视化流程和原理。

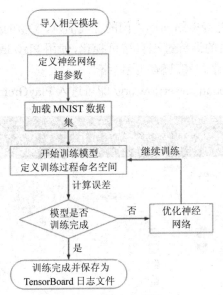

图 5.1　基本流程图

【任务效果】

通过本项目的学习,可以掌握 MNIST 手写数字识别、TensorBoard 可视化案例开发,其效果如图 5.2 所示。

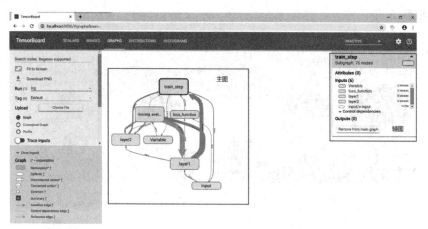

图 5.2　效果图

技能点 1　PlayGround 基础入门

PlayGround 可视化是神经网络简单入门的在线演示、实验的图形化平台,该图形化平台非常强大,可以将神经网络的训练过程直接可视化,使用 PlayGround 可以在浏览器里训练神经网络,非常适合初学者学习和理解神经网络。

登录网址 http://playground.tensorflow.org/ 即可进入 PlayGround 主页,如图 5.3 所示。

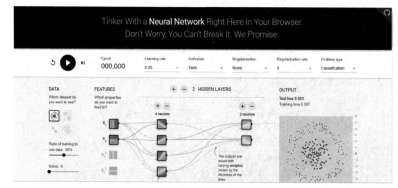

图 5.3　PlayGround 主页

PlayGround 主界面从左到右由 DATA（数据）、FEATURES（特征）、HIDDEN LAYERS（隐藏层）和 OUTPUT（输出）这四部分组成，具体使用如下。

1.DATA(数据)

PlayGround 支持四种不同的数据类型，分别是圆形类型、异或类型、高斯类型和螺旋类型，其中深色代表正数值，浅色代表负数值，两种颜色区分为两类，如图 5.4 所示。

图 5.4　四种数据类型

PlayGround 通过数据配置选项可以改变训练数据和测试数据的比例（Ratio）、调整噪声（Noise）、调整输入每批数据的大小（Batch Size），如图 5.5 所示。

图 5.5　数据配置

2. FEATURES(特征)

特征提取，每一个点有 X_1 和 X_2 两个属性特征，由这两个属性特征可以衍生许多其他属性，如 X_1^2、X_2^2、X_1X_2、$sin(X_1)$、$sin(X_2)$ 等，如图 5.6 所示。

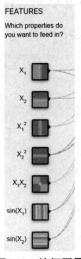

图 5.6　特征配置

X_1、X_2 中浅色代表负数值，深色代表正数值，X_1 表示此点的横坐标值，X_2 表示此点的纵坐标值，X_1^2 是关于横坐标的"抛物线"信息，X_2^2 是关于纵坐标的"抛物线"信息，X_1X_2 是"双曲抛物面"的信息，$\sin(X_1)$ 是关于横坐标的"正弦函数"信息，$\sin(X_2)$ 是关于纵坐标的"正弦函数"信息。

3. HIDDEN LAYERS（隐藏层）

隐藏层可以设置它的层数和每个隐藏层神经元的数量，如图 5.7 所示。

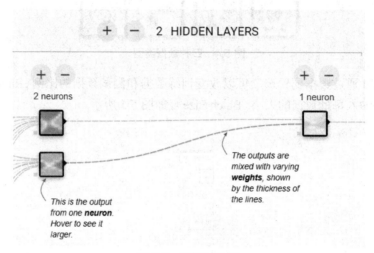

图 5.7　隐藏层配置

隐藏层之间的连接线表示权重信息，深色线表示用神经元的原始输出，浅色线表示用神经元的负输出，连接线的粗细和深浅表示权重的绝对值大小，将鼠标停放在线上可以查看或修改权值。

4. OUTPUT（输出层）

输出层的最终目的是使浅色数值点都聚类于浅色背景，深色数值点都聚类于深色背景，如图 5.8 所示，选取异或数据，七个特征全部输入，选择两个隐藏层，第一个隐藏层设置为两个神经元，第二个隐藏层设置为一个神经元，进行训练，训练完成时神经网络完美地分离出浅色点和深色点。

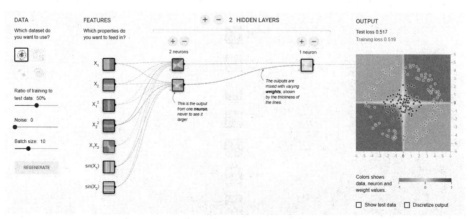

图 5.8　输出层分类显示结果

当进行更复杂的训练时,通过修改训练参数、增加神经元个数或者增加神经网络隐藏层数等方式可以更有效地提高训练速度与质量。

技能点 2　TensorBoard 基础入门

训练神经网络的过程有时非常复杂,需要几天甚至几周的时间,为了更好地调试、管理和优化神经网络训练过程,TensorFlow 提供了可视化工具 TensorBoard。TensorBoard 是 TensorFlow 自带的可视化工具,是一个 Web 应用程序套件,它可以展示 TensorFlow 在运行过程中的数据流图、各种数据指标随时间的变化趋势以及训练中使用到的数据、图像等信息。

TensorFlow 将所有的计算过程用图的形式组织起来,TensorBoard 可视化得到的图不仅将 TensorFlow 计算图中的节点和边直接可视化,而且会根据每个 TensorFlow 计算节点的命名空间进行整理可视化的效果,突出神经网络的整体结构。

在 TensorFlow 中使用 tf.summary.FileWriter 方法生成 TensorBoard 日志文件,使用格式如下。

```
tf.summary.FileWriter(path,graph)
```

其中,path 是日志文件保存路径;graph 是当前数据流图对象。

TensorBoard 通过运行本地服务器,来监听端口 6006,在浏览器(注意并不是所有的浏览器都可以运行 TensorBoard,通常使用 Google 浏览器)发出请求时,分析训练记录的数据,绘制训练过程中的图像。使用 TensorBoard 实现一个简单的加法运算用可视化的方式表示出来,效果如图 5.9 所示。

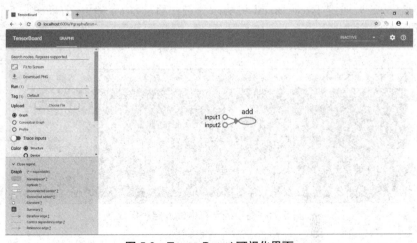

图 5.9　TensorBoard 可视化界面

单击图 5.9 中相关的节点,可以查看相关节点的大小、类型、组成等属性,如图 5.10 所示。

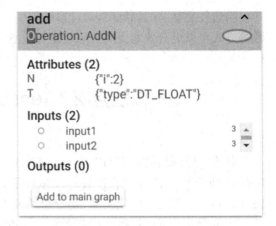

图 5.10　进入查看节点相关属性

使用 TensorFlow 实现 TensorBoard 可视化加法运算,代码如 CORE0501 所示。

代码 CORE0501:简单的 TensorBoard 可视化

```
import tensorflow as tf
# 定义简单的数据流图,实现向量加法运算
input1 = tf.constant([1.0,2.0,3.0], name="input1")
input2 = tf.constant([1.0, 2.0,3.0], name="input2")
output = tf.add_n([input1, input2], name="add")
# 将当前的 TensorFlow 计算流图写入日志
writer = tf.summary.FileWriter("file", tf.get_default_graph())
writer.close()
```

程序运行后,会进行向量加法运算,并将当前的 TensorFlow 计算流图写入日志,存储在 “file”文件夹中,之后通过 TensorBoard 启动命令进行启动,命令如下,效果如图 5.11 所示。

tensorboard --logdir= 文件夹名(绝对路径)

图 5.11　命令提示符中输入启动指令

注意:TensorBoard 不需要额外的安装过程,在 TensorFlow 安装时就自动安装。

在实际操作过程中, TensorFlow 在训练神经网络的时候不仅节点数量多、排序乱,还有可能计算的节点被不重要的信息节点埋没。为了更好地组织可视化效果图中的计算节点, TensorBoard 可以通过 TensorFlow 命名空间来整理可视化效果图上的节点。TensorFlow 同

一命名空间下的所有节点会被缩成一个大的包含节点,只有顶层命名空间的节点才会被显示在 TensorBoard 可视化效果图上。

为了观察命名空间对 TensorFlow 运算的作用,将代码 CORE0501 进行修改,"input2"数值是 tf.random_uniform 随机生成的形状为 [3] 的张量,将计算流图写入日志,运行 TensorBoard 可视化显示效果如图 5.12 所示。

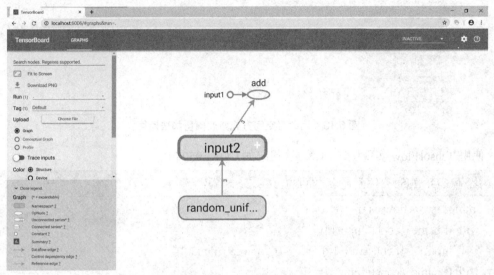

图 5.12　向量加法运算

TensorFlow 实现图 5.12 效果,代码如 CORE0502 所示。

```
代码 CORE0502:向量加法运算修改

import tensorflow as tf
# 向量加法运算
input1 = tf.constant([1.0, 2.0, 3.0], name="input1")
# tf.random_uniform 实现返回形状为 [3] 的张量
input2 = tf.Variable(tf.random_uniform([3]), name="input2")
output = tf.add_n([input1, input2], name="add")
# 将当前的 TensorFlow 计算流图写入日志
writer = tf.summary.FileWriter("file", tf.get_default_graph())
writer.close()
```

通过观察图 5.12 可以发现,带箭头的直线(边)上有数值,说明 TensorBoard 显示出"tf.random_uniform"节点、"input2"节点和"add"节点的张量流动状态。

代码 CORE0502 并未使用命名空间进行调优,使用命名空间的方式对代码进行修改,使用 with 关键字和 tf.name_scope 方法创建两个命名空间,分别命名为"input1"和"input2",效果如图 5.13 所示。

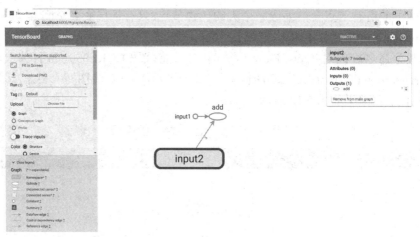

图 5.13　用命名空间方式修改向量加法运算

使用 TensorFlow 实现图 5.13 效果，代码如 CORE0503 所示。

代码 CORE0503：使用命名空间的方式修改代码

```
import tensorflow as tf
with tf.name_scope("input1"):
    input1 = tf.constant([1.0, 2.0, 3.0], name="input1")
with tf.name_scope("input2"):
    input2 = tf.Variable(tf.random_uniform([3]), name="input2")
output = tf.add_n([input1, input2], name="add")
writer = tf.summary.FileWriter("file", tf.get_default_graph())
writer.close()
```

通过观察图 5.13 可以看出此时命名空间"input2"将"tf.random_uniform"节点和"input2"节点包含其中，在默认视图中，被缩成一个节点，此时双击"input2"节点或将鼠标移到"input2"节点，并点开右上角的加号"+"，就可以展开包含的节点，如图 5.14 所示。

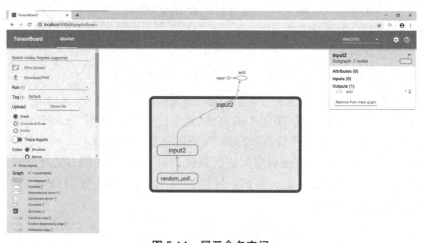

图 5.14　展开命名空间

说明：在实际的开发过程中，程序运行后会出现各种各样的错误，扫描图中二维码，你将有意想不到的惊喜哦！

　　根据图 5.1 基本流程，通过以下五个步骤的操作，实现图 5.2 所示的 MNIST Tensor-Board 可视化效果。

　　第一步：分析效果图 5.2。

　　在图 5.2 中，"input"节点表示训练神经网络需要的输入数据，这些数据会传送到神经网络的第一层 layer1，神经网络第一层 layer1 的结果会被传送到第二层 layer2，进入第二层计算得到前向传播的结果，loss_function 节点表示计算损失函数的过程，loss_function 的计算结果会提供给 train_step。节点之间有两种不同的边：一种边是实线，表示数据传输；另一种是虚线，表示计算之间的依赖关系。

　　第二步：导入相关模块，代码如 CORE0504 所示。

代码 CORE0504：导入相关模块
import tensorflow as tf from tensorflow.examples.tutorials.mnist import input_data import mnist_inference

　　第三步：定义神经网络超参数，代码如 CORE0505 所示。

代码 CORE0505：定义神经网络超参数
BATCH_SIZE = 100 LEARNING_RATE_BASE = 0.8 LEARNING_RATE_DECAY = 0.99 REGULARIZATION_RATE = 0.0001 TRAINING_STEPS = 3000 MOVING_AVERAGE_DECAY = 0.99

　　第四步：定义训练的过程并保存 TensorBoard 的日志文件，代码如 CORE0506 所示。

代码 CORE0506：定义训练的过程并保存 TensorBoard 的日志文件
def train(mnist): # 输入数据的命名空间

```python
with tf.name_scope('input'):
        x = tf.placeholder(tf.float32, [None, mnist_inference.INPUT_NODE],
                        name='x-input')
        y_ = tf.placeholder(tf.float32, [None, mnist_inference.OUTPUT_NODE],
                        name='y-input')
regularizer = tf.contrib.layers.l2_regularizer(REGULARIZATION_RATE)
y = mnist_inference.inference(x, regularizer)
global_step = tf.Variable(0, trainable=False)
# 处理滑动平均的命名空间
with tf.name_scope("moving_average"):
        variable_averages = tf.train.ExponentialMovingAverage
(MOVING_AVERAGE_DECAY, global_step)
        variables_averages_op = variable_averages.apply(tf.trainable_variables())
# 计算损失函数的命名空间
with tf.name_scope("loss_function"):
        cross_entropy = tf.nn.sparse_softmax_cross_entropy_with_logits(logits=y,
                        labels=tf.argmax(y_, 1))
        cross_entropy_mean = tf.reduce_mean(cross_entropy)
        loss = cross_entropy_mean + tf.add_n(tf.get_collection('losses'))
# 定义学习率、优化方法及每一轮执行训练的操作的命名空间
with tf.name_scope("train_step"):
        learning_rate = tf.train.exponential_decay(
            LEARNING_RATE_BASE,
            global_step,
            mnist.train.num_examples/BATCH_SIZE,
            LEARNING_RATE_DECAY,
            staircase=True)
        train_step = tf.train.GradientDescentOptimizer(learning_rate).minimize(loss,
                        global_step=global_step)
        with tf.control_dependencies([train_step, variables_averages_op]):
            train_op = tf.no_op(name='train')
# 训练模型
with tf.Session() as sess:
        tf.global_variables_initializer().run()
        for I in range(TRAINING_STEPS):
            xs, ys = mnist.train.next_batch(BATCH_SIZE)
            if I % 1000 == 0:
                # 配置运行时需要记录的信息
```

```
                    Run_options = tf.RunOptions(trace_level=
                                           tf.RunOptions.FULL_TRACE)
                    # 运行时记录运行信息的 proto
                    Run_metadata = tf.RunMetadata()
                    loss_value, step = sess.run(
                        [train_op, loss, global_step], feed_dict={x: xs, y_: ys},
                        options=run_options, run_metadata=run_metadata)
                    print("After %d training step(s), loss on training batch is %g." %
                        (step, loss_value))
               else:
                    loss_value, step = sess.run([train_op, loss, global_step],
                                           feed_dict={x: xs, y_: ys})
    # 保存日志文件
    writer = tf.summary.FileWriter("log", tf.get_default_graph())
    writer.close()
```

第五步：定义主函数，代码如 CORE0507 所示。

代码 CORE0507：加载数据，启动训练

```
def main(argv=None):
    mnist = input_data.read_data_sets("MNIST_data", one_hot=True)
    train(mnist)
if __name__ == '__main__':
    main()
```

【拓展目的】

在任务实施中介绍了通过 TensorBoard 的 GRAPHS 栏可视化 TensorFlow 计算图的结构以及在计算图上的信息（接下来使用 TensorBoard 可视化 TensorFlow 程序运行过程中各种有助于了解程序运行状态的监控指标）。

【拓展内容】

通过 TensorBoard 监测神经网络训练过程的相关信息，如图 5.15、图 5.16、图 5.17 和图 5.18 所示。

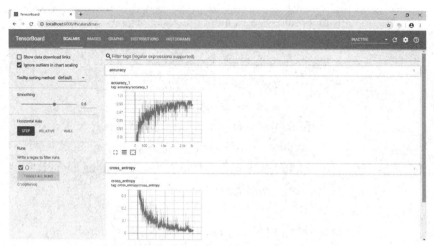

图 5.15　监测准确率、误差率、权值和偏差项

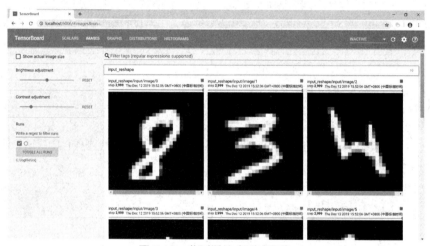

图 5.16　监测训练或测试图像

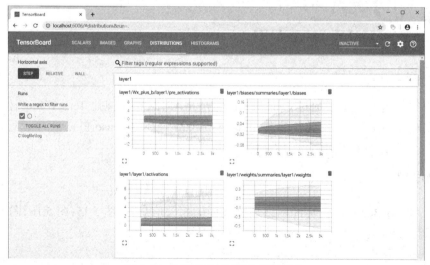

图 5.17　监测数据的权值、偏差分布

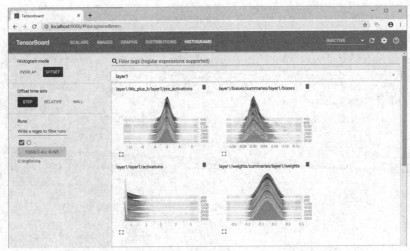

图 5.18 监测数据的权值、偏差直方图

【拓展步骤】

1. 设计思路

在任务实施中对代码进行修改，使用 tf.summary.scalar 方法监控数据随迭代进行变化的趋势，使用 tf.summary.image 方法将使用的图片数据写入日志文件，使用 tf.summary.histogram 方法监控张量分布数据随迭代变化的趋势。

2. 对程序进行修改

代码如 CORE0508 所示。

```
代码 CORE0508：TensorBoard 监控神经网络训练指标

import tensorflow as tf
from tensorflow.examples.tutorials.mnist import input_data
SUMMARY_DIR = "log"
BATCH_SIZE = 100
TRAIN_STEPS = 3000
# 生成变量监控信息并定义生成监控信息日志的操作
def variable_summaries(var, name):
    # 将生成监控信息的操作放到同一个命名空间下
    with tf.name_scope('summaries'):
        # 记录张量中元素的取值分布，并生成日志文件
        tf.summary.histogram(name, var)
        # 计算变量的平均值，并生成日志文件
        mean = tf.reduce_mean(var)
        tf.summary.scalar('mean/' + name, mean)
        # 计算变量的标准差，并生成日志文件
        stddev = tf.sqrt(tf.reduce_mean(tf.square(var − mean)))
```

```
        tf.summary.scalar('stddev/' + name, stddev)
# 生成一层全连接神经网络
def nn_layer(input_tensor, input_dim, output_dim, layer_name, act=tf.nn.relu):
    # 将同一神经网络放在同一个命名空间下
    with tf.name_scope(layer_name):
        # 声明神经网络的权重,并生成权重监控信息日志
        with tf.name_scope('weights'):
            weights = tf.Variable(tf.truncated_normal([input_dim, output_dim],
                                  stddev=0.1))
            variable_summaries(weights, layer_name + '/weights')
    # 声明神经网络的偏置项,并生成偏置项监控信息日志
    with tf.name_scope('biases'):
        biases = tf.Variable(tf.constant(0.0, shape=[output_dim]))
        variable_summaries(biases, layer_name + '/biases')
    with tf.name_scope('Wx_plus_b'):
        preactivate = tf.matmul(input_tensor, weights) + biases
        # 记录神经网络节点输出在经过激活函数之前的分布
        tf.summary.histogram(layer_name + '/pre_activations', preactivate)
    activations = act(preactivate, name='activation')
    # 记录神经网络节点输出在经过激活函数之后的分布
    tf.summary.histogram(layer_name + '/activations', activations)
    return activations
def main():
    mnist = input_data.read_data_sets("MNIST_data", one_hot=True)
    # 定义输入
    with tf.name_scope('input'):
        x = tf.placeholder(tf.float32, [None, 784], name='x-input')
        y_ = tf.placeholder(tf.float32, [None, 10], name='y-input')
    # 将输入向量还原成图片的像素矩阵,并将当前图片信息写入日志文件
    with tf.name_scope('input_reshape'):
        image_shaped_input = tf.reshape(x, [-1, 28, 28, 1])
        tf.summary.image('input', image_shaped_input, 10)
    hidden1 = nn_layer(x, 784, 500, 'layer1')
    y = nn_layer(hidden1, 500, 10, 'layer2', act=tf.identity)
    # 计算交叉熵并定义生成交叉熵日志文件
    with tf.name_scope('cross_entropy'):
        cross_entropy = tf.reduce_mean(tf.nn.softmax_cross_entropy_with_logits
                                       (logits=y, labels=y_))
```

```
            tf.summary.scalar('cross_entropy', cross_entropy)
        with tf.name_scope('train'):
            train_step = tf.train.AdamOptimizer(0.001).minimize(cross_entropy)
        # 计算模型在当前的正确率,并生成监控日志文件
        with tf.name_scope('accuracy'):
            with tf.name_scope('correct_prediction'):
                correct_prediction = tf.equal(tf.argmax(y, 1), tf.argmax(y_, 1))
            with tf.name_scope('accuracy'):
                accuracy = tf.reduce_mean(tf.cast(correct_prediction, tf.float32))
            tf.summary.scalar('accuracy', accuracy)
        # 整理所有日志文件操作,将所有日志写入文件
        merged = tf.summary.merge_all()
        with tf.Session() as sess:
            summary_writer = tf.summary.FileWriter(SUMMARY_DIR, sess.graph)
            tf.global_variables_initializer().run()
            for i in range(TRAIN_STEPS):
                xs, ys = mnist.train.next_batch(BATCH_SIZE)
                # 运行训练步骤以及所有的日志生成操作,得到这次运行的日志
                summary, _ = sess.run([merged, train_step], feed_dict={x: xs, y_: ys})
                # 将得到的所有日志写入日志文件,这样 TensorBoard 程序就可以拿
                # 到这次运行所对应的运行信息
                summary_writer.add_summary(summary, i)
            summary_writer.close()
    if __name__ == '__main__':
        main()
```

本任务通过 MNIST TensorBoard 可视化效果的实现,对 TensorBoard 可视化工具有了初步了解,对 TensorBoard 可视化的实现方法和实现流程有所了解并掌握,并能够通过所学 TensorBoard 相关知识作出 MNIST 数字识别可视化的效果。

| hidden layers | 隐藏层 | neuron | 神经元 |
| images | 图像 | distributions | 分布 |

| histograms | 直方图 | embeddings | 嵌入 |
| log file | 日志文件 | | |

任务习题

一、选择题

1.PlayGround 主界面从左到右由（　　　）部分组成。

A. 一　　　　　　　　B. 二　　　　　　　　C. 三　　　　　　　　D. 四

2.PlayGround 通过数据配置选项可以（　　　）。

A. 改变训练数据和测试数据的大小（Ratio）

B. 调整噪声（Noise）

C. 调整输入每批数据的比例

D. 调整输入每批数据的多少

3.PlayGround 支持四种不同的数据类型，以下不属于的是（　　　）。

A. 球形类型　　　　　B. 异或类型　　　　　C. 高斯类型　　　　　D. 螺旋类型

4.TensorFlow 将所有的计算过程用（　　　）的形式组织起来。

A. 点　　　　　　　　B. 线　　　　　　　　C. 面　　　　　　　　D. 图

5.TensorBoard 展示 TensorFlow 在运行过程中的信息不包括（　　　）以及（　　　）等
信息。

A. 数据流图　　　　　　　　　　　　　　B. 各种数据指标随时间的变化趋势

C. 训练中使用到的数据、图像　　　　　　D. 音频

二、填空题

1.PlayGround 可视化是神经网络简单入门的在线演示、实验的 _____ 平台。

2. 隐藏层之间的连接线表示 _____ 信息。

3. 通过 _____、_____ 或者 _____ 方式可以更有效地提高训练速度与
质量。

4._____ 是 TensorFlow 自带的可视化工具。

5.TensorBoard 可以通过 TensorFlow_____ 来整理可视化效果图上的节点。

三、上机题

使用卷积神经网络训练 CIFAR-10，添加命名空间，使用 TensorBoard 监控神经网络训练
过程中的运行状态的指标。

项目六　时间序列预测与循环神经网络

通过实现循环神经网络时间序列预测效果，了解循环神经网络原理，学习 Word2Vec 神经网络训练流程，掌握循环神经网络对时间序列进行处理，具备使用循环神经网络实现 MNIST 数字识别的能力。在任务实现过程中：

➢ 了解循环神经网络原理；

➢ 学习 Word2Vec 神经网络训练流程；

➢ 掌握循环神经网络对时间序列进行处理；

➢ 具备使用循环神经网络实现 MNIST 数字识别的能力。

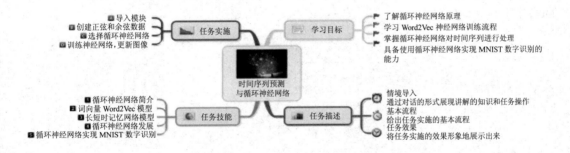

【情境导入】

【基本流程】

基本流程如图 6.1 所示,通过对流程图分析可以了解循环神经网络实现时间序列预测的搭建原理。

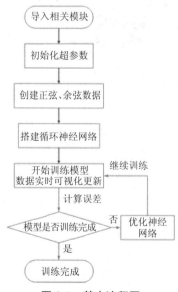

图 6.1　基本流程图

【任务效果】

通过本项目的学习,可以使用 TensorFlow 循环神经网络实现时间序列预测效果,其效果如图 6.2 所示。

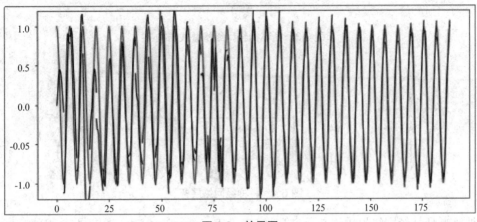

图 6.2　效果图

技能点 1　循环神经网络简介

传统的神经网络(前馈神经网络)中,输入层到输出层每层是全连接或部分连接,但是层内部的神经元之间没有连接,这种神经网络结构不适合应用到文本。若想使用神经网络结构获取到文本,需要使用循环神经网络。

循环神经网络(Recurrent Neural Network,RNN)是一种对时间序列显示建模的神经网络,主要用于预测和处理序列数据,在神经网络中引入定性循环,使信号从一个神经元传递到另一个神经元并且不会马上消失,循环神经网络隐藏层的输入不仅包括上一层输出,还包括上一时刻该隐藏层的输出。比如想预测文本中某个单词的下一个单词或字母是什么,就需要用到之前的单词,这时就需要循环神经网络。

循环神经网络包括三层,即输入层、隐藏层和输出层,若用图表示有折叠式和展开式两种表示方式。循环神经网络折叠式结构如图 6.3 所示,可知输入层为 X_t,主要用于向循环神经网络的主体进行输入,在每一个时刻循环神经网络模块 A 会读取 t 时刻的输入 X_t,并输出数值 h_t,同时模块 A 的状态也会从当前步传递到下一步。理论上可以将循环神经网络看作是统一神经网络结构无限复制的结果,将循环体沿时间轴展开,得到循环神经网络展开式结构,如图 6.4 所示。

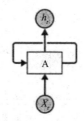

图 6.3   循环神经网络折叠式结构

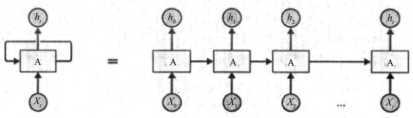

图 6.4   将神经网络展开

训练循环神经网络使用误差反向传递（Back Propagation，BP）算法，并且权值共享。在反向传播中不仅依赖当前层的网络，还依赖前面若干层的网络，这种算法称为随时间反向传播（Back Propagation Through Time，BPTT）算法。

以语言翻译为例简要介绍循环神经网络是如何解决实际问题的。如图 6.5 所示，若需要翻译句子 ABCD，此时循环神经网络的第一段每一个时刻的输入就分别是 A、B、C 和 D，用"_"作为待翻译句子的结束符，在第一段中循环神经网络只有输入没有输出，从结束符"_"开始，循环神经网络进入翻译阶段，此时每一个时刻的输入是上一个时刻的输出，最终得到的输出 XYZ 就是句子 ABCD 翻译的结果，Q 代表翻译结束符"_"。

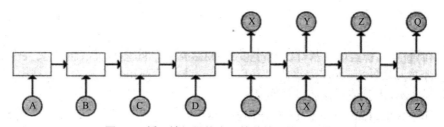

图 6.5   循环神经网络实现简单的机器翻译模型

在 TensorFlow 中，RNN 结构可以很简单地实现，主要通过表 6.1 所示几个关键方法实现。

表 6.1   实现 RNN 结构方法

方法	含义
tf.contrib.rnn.BasicRnnCell (num_units,activation,reuse) 搭建最基本的 RNN 架构	num_units：RNN 层神经元的个数 activation：内部状态之间的激活函数 reuse：Python 布尔值，描述是否重用现有作用域中的变量

方法	含义
tf.nn.rnn_cell.BasicLSTMCell (num_units,forget_bias,state_is_tuple, activation,reuse) 搭建最基本的 LSTM 架构	num_units：LSTM 层中的单元数 forget_bias：LSTM 的忘记系数，若等于 1，就是不会忘记任何信息；若等于 0，就都忘记 state_is_tuple：默认为 True，表示返回的状态用一个元祖表示 activation：状态之间转移的激活函数 reuse：Python 布尔值，描述是否重用现有作用域中的变量

说明：通过上面的学习对循环神经网络有了一些了解，想要知道更多关于它的东西吗？扫描图中二维码，你会对它有更深的了解。

技能点 2　词向量 Word2Vec 模型

1. One-Hot Encoder 概述

在 Word2Vec 出现之前的自然语言处理，是将任何一门语言看作由若干词汇组成，所有的词构成一个词汇表。词汇表可以用一个长长的向量来表示。词的个数就是词汇表向量的维度。那么，任何一个词都可以表示成一个向量，词在词汇表中出现的位置设为 1，其他的位置设为 0，但是这种词向量的表示，通常将字符转成离散的单独的符号，词和词之间没有交集。比如将"中国"转为编号为 1096 的特征，将"天津"转为编号为 2085 的特征，这种特征编码方式也叫作"One-Hot Encoder"。

"One-Hot Encoder"使每个词和向量对应，并且向量中只有一个值为 1，其余均为 0，若将一篇文章每一个词都转换为一个向量，则整篇文章就变为一个矩阵，将文章对应的矩阵合并为一个向量（也就是将每一个词的向量加到一起），就可以统计出每个词出现的次数，比如"中国"出现 40 次，此时第 1096 个特征为 40，"天津"出现 5 次，此时第 2085 个特征为 5。但是"One-Hot Encoder"对特征的编码是随机的，没有字词间关联信息，比如从编号为 1096 的特征和编号为 2085 的特征这两个数值看不出任何关联信息。此时使用向量表达（vector representations）可以有效解决问题。向量空间模型（vector space models）将字词转为连续值（相当于 One-Hot 编码的离散值）的向量表达，将意思相近的词映射到向量空间中相近的位置。向量空间模型大致分为两类：一类是计数模型，统计在语料库中相邻出现的词的频率，再将这些计数统计结果转为矩阵；另一类是预测模型，根据一个词周围相邻的词推测出这个词以及它的空间向量。

2. Word2Vec 模型简介

Google 开源了一款用于深度学习的自然语言处理工具：Word2Vec。Word2Vec（Word Embedding）中文名称为"词向量"或"词嵌套"，其基本思想是将自然语言中的每一个词转换为向量的形式表达。

Word2Vec 是一种可以从原始语料中学习字词空间向量的预测模型，使用 Word2Vec 训练语料得到的结果非常有趣，比如意思相近的词在向量空间中的位置会接近。Word2Vec 分为 CBOW（Continuous Bag of Words）和 Skip-Gram 两种模式，其中 CBOW 是从原始语句（比如中国的城市是 _____）推测目标字词（比如天津）；而 Skip-Gram 相反，它是从目标字词推测出原始语句，CBOW 比较适合小型数据，而 Skip-Gram 比较适合大型语料。

Word2Vec 通过一系列的训练，可以实现将文本的内容转换成 N 维向量从而进行运算，其文本语义上的相似度可以通过向量空间的相识度表示，由此 Word2Vec 可以处理一些文本语义上的工作，比如找同义词、词性分析等，除此之外 Word2Vec 还可以对处理后的词进行算术运算（加减乘除）等操作。

3. TensorFlow 实现 Word2Vec

使用 TensorFlow 实现 Word2Vec 神经网络训练步骤如下，效果如图 6.6 所示。

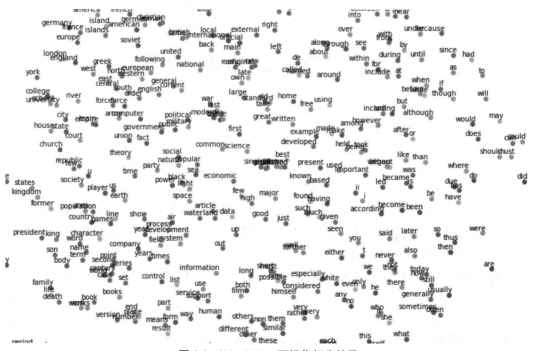

图 6.6   Word2Vec 可视化部分效果

第一步：载入依赖库文件，代码如 CORE0601 所示。

代码 CORE0601：载入依赖库文件

```
import collections
import math
```

```
import os
import random
import zipfile
import numpy as np
import urllib
import tensorflow as tf
from sklearn.manifold import TSNE
import matplotlib.pyplot as plt
```

第二步：创建下载文本数据函数，使用 urllib.request.urlretrieve 下载数据的压缩文件并核对文件尺寸，若文件已下载过则会自动跳过该代码，代码如 CORE0602 所示。

代码 CORE0602：下载数据文件

```
url = 'http://mattmahoney.net/dc/'
def maybe_download(filename, expected_bytes):
    if not os.path.exists(filename):
        filename, _ = urllib.request.urlretrieve(url + filename, filename)
    statinfo = os.stat(filename)
    if statinfo.st_size == expected_bytes:
        print('Found and verified', filename)
    else:
        print(statinfo.st_size)
        raise Exception(
            'Failed to verify ' + filename + '. Can you get to it with a browser?')
    return filename
filename = maybe_download('text8.zip', 31344016)
```

第三步：解压文件，使用 tf.compat.as_str 将数据转换为单词列表，并输出数据大小，代码如 CORE0603 所示。

代码 CORE0603：解压数据文件

```
def read_data(filename):
    with zipfile.ZipFile(filename) as f:
# 将数据转换为单词列表
        data = tf.compat.as_str(f.read(f.namelist()[0])).split()
    return data
words = read_data(filename)
# 输出数据大小
print('Data size', len(words))
```

第四步：创建 vocabulary 词汇表，对原始单词列表进行修改，代码如 CORE0604 所示。

代码 CORE0604：创建 vocabulary 词汇表

```
vocabulary_size = 50000
def build_dataset(words):
  count = [['UNK', -1]]
  # 统计词频，并获取 TOP 50000 频数的单词作为 vocabulary
  count.extend(collections.Counter(words).most_common(vocabulary_size - 1))
  # 创建字典
  dictionary = dict()
  # 将 TOP 50000 词汇的 vocabulary 传递到 dictionary，便于查询
  for word, _ in count:
   dictionary[word] = len(dictionary)
  data = list()
  unk_count = 0
  # 遍历单词列表，判断是否出现在 dictionary 中
  for word in words:
    # 将所有单词转换为编号（以频数排序的编号）
    if word in dictionary:
      index = dictionary[word]
# 将 TOP 50000 词汇之外的单词认为 Unkown（未知），编号为 0，并统计词汇数量
    else:
      index = 0
      unk_count += 1
    data.append(index)
  count[0][1] = unk_count
  reverse_dictionary = dict(zip(dictionary.values(), dictionary.keys()))
  # 返回转换后的编码、每个单词频数统计、词汇表、翻转形式
  return data, count, dictionary, reverse_dictionary
data, count, dictionary, reverse_dictionary = build_dataset(words)
# 删除原始单词列表
del words
# 输出 vocabulary 中最高频出现的词汇及其数量，排名前五
print('Most common words (+UNK)', count[:5])
# 输出 data 排名前十单词及其编号
print('Sample data', data[:10], [reverse_dictionary[i] for i in data[:10]])
```

第五步：创建生成 Word2Vec 的训练样本，代码如 CORE0605 所示。

代码 CORE0605：创建生成 Word2Vec 的训练样本

```
data_index = 0
```

```
# 生成训练用的 batch 数据
#batch_size 为 batch 大小；num_skips 为对每个单词生成多少个样本，它不能大于
#skip_window 值的两倍，并且 batch_size 必须是它的整数倍；skip_window 指单词
# 最远可以联系的距离，设为 1 代表只能跟紧邻的两个单词生成样本
def generate_batch(batch_size, num_skips, skip_window):
    global data_index
    assert batch_size % num_skips == 0
    assert num_skips <= 2 * skip_window
    # 用 np.ndarray 将 batch 和 labels 初始化为数组
    batch = np.ndarray(shape=(batch_size), dtype=np.int32)
    labels = np.ndarray(shape=(batch_size, 1), dtype=np.int32)
    # 定义 span 为对某个单词创建相关样本时会使用到的单词数量，包括目标单词
    # 本身和它前后的单词
    span = 2 * skip_window + 1
    # 创建一个最大容量为 span 的 deque
    # 即双向队列，在对 deque 使用 append 方法添加变量时，只会保留最后插入的
    #span 个变量
    buffer = collections.deque(maxlen=span)
```

第六步：从序号 data_index 开始，把 span 个单词顺序读入 buffer 作为初始值，代码如 CORE0606 所示。

代码 CORE0606：设置 buffer 初始值

```
# 从序号 data_index 开始，把 span 个单词顺序读入 buffer 作为初始值
for _ in range(span):
    buffer.append(data[data_index])
    data_index = (data_index + 1) % len(data)
#每次循环内对一个目标单词生成样本
for i in range(batch_size // num_skips):
    #buffer 中第 skip_window 个变量为目标单词
    target = skip_window
    # 定义生成样本时需要避免的单词列表 targets_to_avoid
    targets_to_avoid = [ skip_window ]
    # 每次循环中对一个语境单词生成样本，先产生随机数，
    # 直到随机数不在 targets_to_avoid 中，代表可以使用的语境单词
    for j in range(num_skips):
        while target in targets_to_avoid:
            target = random.randint(0, span - 1)
        targets_to_avoid.append(target)
```

```
       batch[i * num_skips + j] = buffer[skip_window]
       labels[i * num_skips + j, 0] = buffer[target]
       buffer.append(data[data_index])
       data_index = (data_index + 1) % len(data)
   return batch, labels
```

第七步：调用 generate_batch 函数简单测试其功能，代码如 CORE0607 所示。

代码 CORE0607：简单测试功能

```
# 将 batch_size 设为 8，num_skips 设为 2，skip_window 设为 1
batch, labels = generate_batch(batch_size=8, num_skips=2, skip_window=1)
# 打印 batch 和 labels 的数据
for i in range(8):
print(batch[i], reverse_dictionary[batch[i]],
     '->', labels[i, 0], reverse_dictionary[labels[i, 0]])
```

第八步：定义训练参数，并创建 Skip-Gram Word2Vec 模型的网络结构，代码如 CORE0608 所示。

代码 CORE0608：定义训练参数，并创建 Skip-Gram Word2Vec 模型的网络结构

```
# 定义训练时的 batch_size 为 128
batch_size = 128
# 将单词转为稠密向量的维度，一般是 50~1000 范围内的值
embedding_size = 128
# 单词间最远可以联系的距离，设为 1
skip_window = 1
# 目标单词提取的样本数，设为 2
num_skips = 2
# 用来抽取的验证单词数
valid_size = 16
# 验证单词只从频数最高的 100 个单词中抽取
valid_window = 100
# 生成验证数据，随机抽取一些频数最高的单词，看向量空间上跟它们最近的单词
# 是否相关性比较高
valid_examples = np.random.choice(valid_window, valid_size, replace=False)
# 训练时用来做负样本的噪声单词的数量
num_sampled = 64
# 创建一个 tf.Graph 并设置为默认的 graph
graph = tf.Graph()
with graph.as_default():
```

```python
# 创建训练数据中 inputs 和 labels 的 placeholder
train_inputs = tf.placeholder(tf.int32, shape=[batch_size])
train_labels = tf.placeholder(tf.int32, shape=[batch_size, 1])
# 将前面随机产生的 valid_examples 转为 TensorFlow 中的 constant
valid_dataset = tf.constant(valid_examples, dtype=tf.int32)
# 限定所有计算在 CPU 上执行，接下来的一些计算操作在 GPU 上可能还没有实现
with tf.device('/cpu:0'):
    # 随机生成所有单词的词向量 embeddings，单词表大小为 50000，向量维度为 128
    embeddings = tf.Variable(
        tf.random_uniform([vocabulary_size, embedding_size], -1.0, 1.0))
    # 使用 tf.nn.embedding_lookup 查找输入 train_inputs 对应的向量 embed
    embed = tf.nn.embedding_lookup(embeddings, train_inputs)
    #NCE Loss 作为训练的优化目标
    # 使用 tf.truncated_normal 初始化 NCE Loss 中的权重参数 nce_weights,
    # 并将其 nce_biases 初始化为 0
    nce_weights = tf.Variable(
        tf.truncated_normal([vocabulary_size, embedding_size],
                            stddev=1.0 / math.sqrt(embedding_size)))
    nce_biases = tf.Variable(tf.zeros([vocabulary_size]))
# 使用 tf.nn.nce_loss 计算学习出的词向量 embedding 在训练数据上的 loss,
# 并使用 tf.reduce_mean 进行汇总
loss = tf.reduce_mean(
    tf.nn.nce_loss(weights=nce_weights,
                   biases=nce_biases,
                   labels=train_labels,
                   inputs=embed,
                   num_sampled=num_sampled,
                   num_classes=vocabulary_size))
# 定义优化器为 SGD，且学习速率为 1.0
optimizer = tf.train.GradientDescentOptimizer(1.0).minimize(loss)
# 计算嵌入向量 embeddings 的 L2 范数 nurm,
# 再将 embeddings 除以其 L2 范数得到标准化后的 normalized_embeddings
norm = tf.sqrt(tf.reduce_sum(tf.square(embeddings), 1, keep_dims=True))
#tf.nn.embedding_lookup 查询验证单词的嵌入向量,
# 并计算验证单词的嵌入向量与词汇表中所有单词的相似性
normalized_embeddings = embeddings / norm
valid_embeddings = tf.nn.embedding_lookup(
    normalized_embeddings, valid_dataset)
```

```
similarity = tf.matmul(
    valid_embeddings, normalized_embeddings, transpose_b=True)
# 初始化所有变量
    init = tf.global_variables_initializer()
```

第九步：训练神经网络，展示出平均损失和验证单词相似度最高的单词，并且训练的模型对名词、动词、形容词等类型单词的相似词汇的识别非常准确，代码如 CORE0609 所示，效果如图 6.7 所示。

代码 CORE0609：训练神经网络

```
# 定义最大的迭代次数为 10 万次
num_steps = 100001
# 创建并设置默认的 session，并执行参数初始化
with tf.Session(graph=graph) as session:
    init.run()
    print('Initialized')
    average_loss = 0
    # 每一步训练迭代中，先使用 generate_batch 生成一个 batch 的 inputs 和 labels
    # 数据
    for step in range(num_steps):
        batch_inputs, batch_labels = generate_batch(
            batch_size, num_skips, skip_window)
        # 用 batch_inputs 和 train_labels 创建 feed_dict
        feed_dict = {train_inputs : batch_inputs, train_labels : batch_labels}
        # 执行一次优化器运算和损失计算
        loss_val = session.run([optimizer, loss], feed_dict=feed_dict)
        # 并将这一步训练的 loss 累积到 average_loss
        average_loss += loss_val
        # 每 2000 次循环，计算一下平均 loss 并显示出来
        if step % 2000 == 0:
            if step > 0:
                average_loss /= 2000
            print('Average loss at step ', step, ': ', average_loss)
            average_loss = 0
        # 每 10000 次循环，计算一次验证单词与全部单词的相似度，
        # 并将与每个验证单词最相似的 8 个单词展示出来
        if step % 10000 == 0:
            sim = similarity.eval()
            for i in range(valid_size):
```

```
        valid_word = reverse_dictionary[valid_examples[i]]
        top_k = 8
        nearest = (-sim[i, :]).argsort()[1:top_k+1]
        log_str = 'Nearest to %s: ' % valid_word
        for k in range(top_k):
            close_word = reverse_dictionary[nearest[k]]
            log_str = '%s %s, ' % (log_str, close_word)
        print(log_str)
final_embeddings = normalized_embeddings.eval()
```

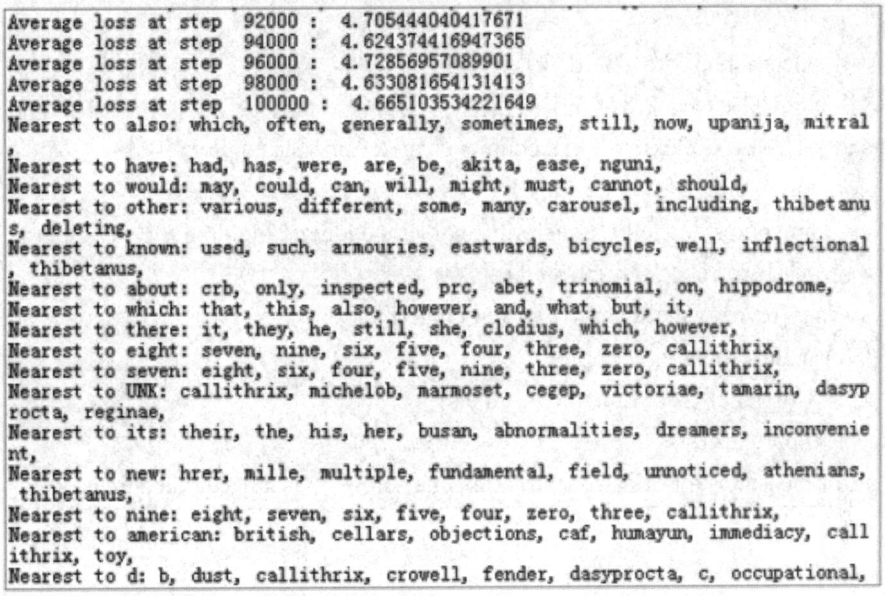

```
Average loss at step  92000 :  4.705444040417671
Average loss at step  94000 :  4.624374416947365
Average loss at step  96000 :  4.72856957089901
Average loss at step  98000 :  4.633081654131413
Average loss at step  100000 :  4.665103534221649
Nearest to also: which, often, generally, sometimes, still, now, upanija, mitral
,
Nearest to have: had, has, were, are, be, akita, ease, nguni,
Nearest to would: may, could, can, will, might, must, cannot, should,
Nearest to other: various, different, some, many, carousel, including, thibetanu
s, deleting,
Nearest to known: used, such, armouries, eastwards, bicycles, well, inflectional
, thibetanus,
Nearest to about: crb, only, inspected, prc, abet, trinomial, on, hippodrome,
Nearest to which: that, this, also, however, and, what, but, it,
Nearest to there: it, they, he, still, she, clodius, which, however,
Nearest to eight: seven, nine, six, five, four, three, zero, callithrix,
Nearest to seven: eight, six, four, five, nine, three, zero, callithrix,
Nearest to UNK: callithrix, michelob, marmoset, cegep, victoriae, tamarin, dasyp
rocta, reginae,
Nearest to its: their, the, his, her, busan, abnormalities, dreamers, inconvenie
nt,
Nearest to new: hrer, mille, multiple, fundamental, field, unnoticed, athenians,
 thibetanus,
Nearest to nine: eight, seven, six, five, four, zero, three, callithrix,
Nearest to american: british, cellars, objections, caf, humayun, immediacy, call
ithrix, toy,
Nearest to d: b, dust, callithrix, crowell, fender, dasyprocta, c, occupational,
```

图 6.7　神经网络训练 Word2Vec 模型的网络结构

第十步：创建可视化 Word2Vec 效果的函数，代码如 CORE0610 所示。

代码 CORE0610：可视化 Word2Vec

```
#low_dim_embs 是降维到 2 维的单词的空间向量
def plot_with_labels(low_dim_embs, labels, filename='tsne.png'):
    assert low_dim_embs.shape[0] >= len(labels), 'More labels than embeddings'
    plt.figure(figsize=(18, 18))
    for i, label in enumerate(labels):
        x, y = low_dim_embs[i,:]
        # 使用 plt.scatter 显示散点力，单词的位置
```

```
        plt.scatter(x, y)
        #plt.annotate 展示单词本身
        plt.annotate(label,
                     xy=(x, y),
                     xytext=(5, 2),
                     textcoords='offset points',
                     ha='right',
                     va='bottom')
        # 使用 plt.savefig 保存图片到本地文件
        plt.savefig(filename)
try:
# 使用 sklearn.manifold.TSNE 实现降维,
# 这里直接将原始的 128 维的嵌入向量降到 2 维
    tsne = TSNE(perplexity=30, n_components=2, init='pca', n_iter=5000)
    plot_only = 500
    low_dim_embs = tsne.fit_transform(final_embeddings[:plot_only,:])
    # 展示词频最高的 500 个单词的可视化结果
    labels = [reverse_dictionary[i] for i in range(plot_only)]
    #plot_with_labels 函数进行展示
    plot_with_labels(low_dim_embs, labels)
except ImportError:
    print('Please install sklearn, matplotlib, and scipy to visualize embeddings. ')
```

技能点 3　长短时记忆网络模型

　　循环神经网络处理时间序列数据非常有效,它的每个神经元可保存之前输入的信息,这就像人思考问题时不会从头开始,而是保留之前思考的一些结果为当前决策提供支持。传统神经网络的主要缺点是不能实现关联信息的分析处理,例如卷积神经网络虽然可以对图像进行分类,但是无法对视频中每一帧图像发生的事情进行关联分析。

　　虽然循环神经网络擅长处理时间序列数据,但是其记忆最深处还是以最后输入的数据信号为主,早期的输入数据信号强度会越来越低,神经网络会自动忽略它的作用,最后起到辅助作用。通常循环神经网络只能与前面若干序列有关,若超过十步,很容易产生梯度消失或者梯度爆炸问题,产生梯度消失是因为导数的链式法则导致了连乘,造成梯度指数级消失。

　　长短时记忆网络(Long Short Term Memory, LSTM)就是为解决 RNN 长期依赖问题而设计的,LSTM 模型中有一个单元(cell)和三个门(gate),如图 6.8 所示。

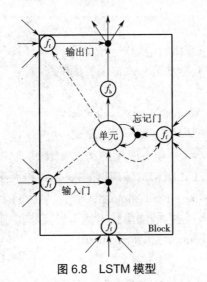

图 6.8　LSTM 模型

（1）单元（cell）：主要有一个状态参数，用来记录状态。

（2）输入门（input gate）和输出门（output gate）：对参数的输入、输出进行处理。

（3）忘记门（forget gate）：用来设置选择性遗忘的权重。

LSTM 使用"门"结构让信息有选择地影响循环神经网络中各个时刻的状态。"忘记门"和"输入门"是 LSTM 结构的核心，"忘记门"的作用是让神经网络"忘记"无关紧要的信息。比如某人说我喜欢吃鱼香肉丝，但是今天我想吃宫保鸡丁，此时神经网络处理应该通过"忘记门"来"忘记"我喜欢吃鱼香肉丝的信息。"忘记门"会根据当前的输入、上一时刻的状态和上一时刻的输出共同决定哪些记忆需要"遗忘"。循环神经网络"忘记"部分之前的状态后，还需要从当前的输入补充最新的记忆，这就需要"输入门"完成，输入门会决定当前的输入、上一时刻的状态和上一时刻的输出哪些部分进入当前状态，LSTM 结构通过"输入门"和"忘记门"决定哪些信息被遗忘或保留。LSTM 结构在计算新的状态后需要产生当前时刻的输出，这个过程通过"输出门"完成，"输出门"会根据最新状态、上一时刻的输出和当前输入决定此时刻的输出。

在 TensorFlow 中，LSTM 结构可以很简单地实现，代码如 CORE0611 所示，展示在 TensorFlow 中实现使用 LSTM 结构的前向传播过程。

代码 CORE0611：LSTM 结构前向传播过程

```
# 定义一个 LSTM 结构
lstm=rnn_cell.BasicLSTMCell(lstm_hidden_size)
# 将 LSTM 中状态初始化为全 0 数组，在优化循环神经网络时
# 每次也会使用一个 batch 的训练样本
state=lstm.zero_state(batch_size,tf.float32)
# 定义损失函数
loss=0.0
# 为了避免训练时梯度消散问题，定义一个最大的序列，num_steps 表示最大长度
```

```
for i in (num_steps):
    # 在第一时刻声明 LSTM 结构中使用的变量
    # 在之后的时刻都需要复用之前定义好的变量
    if i>0:
        tf.get_variable_scope().reuse_variables()
    # 每一步处理时间序列中的每一个时刻
    # 当输入 current_input 和前一时刻的状态 state 传入定义的 LSTM 结构
    # 可以得到当前 LSTM 结构的输出 lstm_output 和更新后的状态 state
    lstm_output,state=lstm(current_input,state)
    # 将当前时刻 LSTM 结构的输出传入到全连接层得到最后输出
    final_output=fully_connected(lstm_output)
    # 计算当前损失
    loss+=calc_loss(final_output,expected_output)
```

通过代码 CORE0611 可以发现，TensorFlow 可以非常方便地实现 LSTM 结构循环神经网络，并且不需要对 LSTM 内部结构有深入了解。

技能点 4　循环神经网络发展

1. 门控循环单元神经网络

门控循环单元（Gated Recurrent Unit，GRU）是 LSTM 的一个变体，GRU 中在隐藏层不同距离的数据信息对当前隐藏层状态影响不同，距离越远影响越小，也就是在每个前面的状态对当前隐藏层状态的影响上进行距离加权，距离越远，权值越小。

GRU 模型如图 6.9 所示，GRU 模型有两个门，即"重置门 r"和"更新门 z"，"重置门"决定如何组合新输入和之前的记忆，"重置门"的值越小说明忽略得越多；"更新门"决定留下多少之前的记忆，"更新门"的值越大说明前一时刻的状态信息带入越多。若将重置门都设为 1，更新门都设为 0，就得到普通的 RNN 模型。

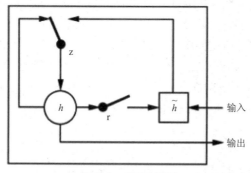

图 6.9　GRU 模型

2. 双向循环神经网络和深层循环神经网络

在传统循环神经网络中,状态的输出通常是从前往后单向进行的,然而在某些问题中,当前一时刻的输出不仅和之前的状态有关,也和之后的状态有关,就需要使用双向循环神经网络(bidirectional RNN)解决问题。例如若想预测一段语句中的缺失单词,不仅需要根据前文内容判断,也需要根据后面的内容判断。

双向神经网络是由两个循环神经网络上下叠加组成的,在每一个时刻,输入会同时提供给这两个方向相反的循环神经网络,所以输出是由两个神经网络的状态共同决定的。如图6.10所示为双向循环神经网络结构图。

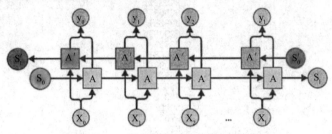

图 6.10　双向循环神经网络结构图

深层循环神经网络(deep RNN)是循环神经网络的变种,为了增强模型的表达和学习能力,可以将每一个时刻的循环体重复执行多次,和卷积神经网络类似,深层循环神经网络循环体中的参数是一致的,而不同层中的参数可以不同。图6.11所示为深层循环神经网络结构图。

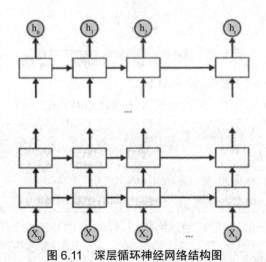

图 6.11　深层循环神经网络结构图

技能点 5　循环神经网络实现 MNIST 数字识别

本技能点学习用 TensorFlow 搭建一个循环神经网络模型,并用它来训练 MNIST 数据集,效果如图 6.12 所示。

```
0. 1328125
0. 609375
0. 75
0. 796875
0. 84375
0. 8828125
0. 8828125
0. 90625
0. 8828125
0. 8984375
0. 9140625
0. 890625
0. 9140625
0. 9453125
0. 9296875
0. 9296875
0. 9296875
0. 9375
0. 9296875
0. 9609375
0. 96875
0. 953125
0. 953125
0. 9609375
0. 9765625
0. 9296875
0. 96875
0. 96875
0. 9375
0. 953125
0. 9453125
0. 984375
0. 953125
0. 921875
0. 9765625
0. 9375
0. 984375
0. 953125
0. 984375
0. 96875
```

图 6.12　循环神经网络训练 MNIST 数据集

TensorFlow 实现图 6.12 效果,步骤如下。

第一步:首先导入相关模块,加载数据,代码如 CORE0612 所示。

代码 CORE0612:加载数据

```
import tensorflow as tf
from tensorflow.examples.tutorials.mnist import input_data
mnist = input_data.read_data_sets('MNIST_data', one_hot=True)
```

第二步:初始化超参数,构建神经网络模型,代码如 CORE0613 所示。

代码 CORE0613:初始化超参数,构建神经网络模型

```
# 设置参数
lr = 0.001
# 遍历数量
training_iters = 100000
# 批大小
batch_size = 128
```

```
# 图像大小 28*28
n_inputs = 28
n_steps = 28
# 隐藏层神经元数量
n_hidden_units = 128
# 分类种类
n_classes = 10
# 设置初始数据
x = tf.placeholder(tf.float32, [None, n_steps, n_inputs])
y = tf.placeholder(tf.float32, [None, n_classes])
# 设置权值、偏差
weights = {
    #(28,128)
    'in': tf.Variable(tf.random_normal([n_inputs, n_hidden_units])),
    #(128,10)
    'out': tf.Variable(tf.random_normal([n_hidden_units, n_classes]))
}
biases = {
    # (128,)
    'in': tf.Variable(tf.constant(0.1, shape=[n_hidden_units, ])),
    # (10,)
    'out': tf.Variable(tf.constant(0.1, shape=[n_classes, ]))
}
def RNN(X, weights, biases):
    # 隐藏层单元的输入
    # 原始的 X 是 3 维数据，需要把它变成 2 维数据才能使用 weights 矩阵乘法
    # X ==> (128 batch * 28 steps, 28 inputs)
    X = tf.reshape(X, [-1, n_inputs])
    X_in = tf.matmul(X, weights['in']) + biases['in']
    # X_in ==> (128 batch, 28 steps, 128 hidden)
    X_in = tf.reshape(X_in, [-1, n_steps, n_hidden_units])
    # 采用基本的 LSTM 循环网络单元 LSTM Cell
    cell = tf.nn.rnn_cell.BasicLSTMCell(n_hidden_units, forget_bias=1.0,
                                        state_is_tuple=True)
    # 初始化 batch_size 设置为全 0，lstm 单元由两个部分组成：(c_state, h_state)
    init_state = cell.zero_state(batch_size, dtype=tf.float32)
    outputs, final_state = tf.nn.dynamic_rnn(cell, X_in, initial_state=init_state,
                                             time_major=False)
```

```
# 隐藏层作为输出的最终结果
if int((tf.__version__).split('.')[1]) < 12 and int((tf.__version__).split('.')[0]) < 1:
    outputs = tf.unpack(tf.transpose(outputs, [1, 0, 2]))
else:
    outputs = tf.unstack(tf.transpose(outputs, [1,0,2]))
results = tf.matmul(outputs[-1], weights['out']) + biases['out']
return results
pred = RNN(x, weights, biases)
# 计算平均 cost
cost = tf.reduce_mean(tf.nn.softmax_cross_entropy_with_logits(logits=pred, labels=y))
# 定义优化器为 Adam，学习率为 0.001
train_op = tf.train.AdamOptimizer(lr).minimize(cost)
# 使用 tf.argmax 得到模型预测的类别
# 使用 tf.equal 判断预测是否正确
correct_pred = tf.equal(tf.argmax(pred, 1), tf.argmax(y, 1))
# 求得平均准确率
accuracy = tf.reduce_mean(tf.cast(correct_pred, tf.float32))
```

第三步：进行训练数据及评估模型，代码如 CORE0614 所示。

代码 CORE0614：训练数据及评估模型

```
with tf.Session() as sess:
    #2017-03-02 后 tensorflow 版本 >= 0.12，根据版本选择变量初始化方式
    if int((tf.__version__).split('.')[1]) < 12 and int((tf.__version__).split('.')[0]) < 1:
        init = tf.initialize_all_variables()
    else:
        init = tf.global_variables_initializer()
    sess.run(init)
    step = 0
    while step * batch_size < training_iters:
        # 训练数据
        batch_xs, batch_ys = mnist.train.next_batch(batch_size)
        batch_xs = batch_xs.reshape([batch_size, n_steps, n_inputs])
        sess.run([train_op], feed_dict={
            x: batch_xs,
            y: batch_ys,
        })
        # 测试数据，输出准确率
        # 每 20 次输出 1 次准确率的大小
```

```
if step % 20 == 0:
    print(sess.run(accuracy, feed_dict={
    x: batch_xs,
    y: batch_ys,
    }))
step += 1
```

根据图 6.1 基本流程，通过下面四个步骤的操作，实现图 6.2 所示的循环神经网络时间序列预测效果。

第一步：导入相关模块，初始化超参数，代码如 CORE0615 所示。

代码 CORE0615：导入相关模块，初始化超参数

```
import tensorflow as tf
import numpy as np
import matplotlib.pyplot as plt
#RNN 时间步长
TIME_STEP = 10
#RNN 数据输入大小
INPUT_SIZE = 1
#RNN 神经元大小
CELL_SIZE = 32
# 学习率
LR = 0.02
```

第二步：创建正弦和余弦数据，并可视化，代码如 CORE0616 所示，效果如图 6.13 所示。

代码 CORE0616：创建正弦和余弦数据，并可视化

```
# 初始界面
steps = np.linspace(0, np.pi*2, 100, dtype=np.float32)
# 设置正弦
x_np = np.sin(steps)
# 设置余弦
y_np = np.cos(steps)
# 绘制正弦、余弦图像
plt.plot(steps, y_np, 'r-', label='target (cos)')
plt.plot(steps, x_np, 'b-', label='input (sin)')
# 设置图例的显示位置、自适应模式
```

```
plt.legend(loc='best')
plt.show()
```

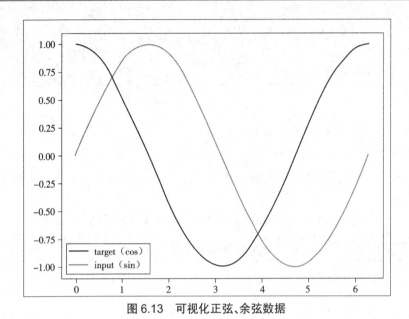

图 6.13　可视化正弦、余弦数据

第三步：搭建循环神经网络模型，代码如 CORE0617 所示。

代码 CORE0617：搭建循环神经网络模型

```
# 设置初始化占位符
tf_x = tf.placeholder(tf.float32, [None, TIME_STEP, INPUT_SIZE])
tf_y = tf.placeholder(tf.float32, [None, TIME_STEP, INPUT_SIZE])
# 创建 RNN 神经单元
rnn_cell = tf.contrib.rnn.BasicRNNCell(num_units=CELL_SIZE)
# 初始化 batch_size
init_s = rnn_cell.zero_state(batch_size=1, dtype=tf.float32)
outputs, final_s = tf.nn.dynamic_rnn(
    rnn_cell,                    # 选择的单元格
    tf_x,                        # 输入
    initial_state=init_s,        # 初始隐藏状态
    time_major=False,            #False: (batch, time step, input); True: (time step, batch,
input)
    )
# 将 3D 数据转换为 2D 数据输出到全连接层
outs2D = tf.reshape(outputs, [-1, CELL_SIZE])
# 全连接层
net_outs2D = tf.layers.dense(outs2D, INPUT_SIZE)
```

```
# 将 2D 数据重塑为 3D 数据
outs = tf.reshape(net_outs2D, [-1, TIME_STEP, INPUT_SIZE])
# 均方误差
loss = tf.losses.mean_squared_error(labels=tf_y, predictions=outs)
# 使用优化器 Adam,最小优化学习率为 loss
train_op = tf.train.AdamOptimizer(LR).minimize(loss)
```

第四步:训练神经网络,并可视化更新图像,代码如 CORE0618 所示。

代码 CORE0618:训练神经网络,并可视化更新图像

```
# 创建窗口
plt.figure(1, figsize=(12, 5))
# 动态绘图
plt.ion()
with tf.Session() as sess:
    # 初始化变量
    sess.run(tf.global_variables_initializer())
    for step in range(60):
        # 时间范围
        start, end = step * np.pi,(step+1)*np.pi
        steps = np.linspace(start, end, TIME_STEP)
        x = np.sin(steps)[np.newaxis, :, np.newaxis]
        y = np.cos(steps)[np.newaxis, :, np.newaxis]
        # 没有隐藏层
        if 'final_s_' not in globals():
            feed_dict = {tf_x: x, tf_y: y}
        # 有隐藏层将其传递给神经网络
        else:
            feed_dict = {tf_x: x, tf_y: y, init_s: final_s_}
        # 训练神经网络
        pred_, final_s_ = sess.run([train_op, outs, final_s],feed_dict)
        # 绘图
        plt.plot(steps, y.flatten(), 'r-')
        plt.plot(steps, pred_.flatten(), 'b-')
        plt.ylim((-1.2, 1.2))
        plt.draw()
        plt.pause(0.1)
    plt.ioff()
    plt.show()
```

至此循环神经网络实现时间序列预测完成,效果如图 6.2 所示,基本实现正弦信号(sin)拟合学习余弦信号(cos)。

【拓展目的】

熟悉循环神经网络实现原理,掌握循环神经网络自然语言建模。

【拓展内容】

搭建循环神经网络模型,实现自然语言建模功能,效果如图 6.14 所示。

```
In iteration:1
After 0 steps, perplexity is 10043.839
After 100 steps, perplexity is 1353.693
After 200 steps, perplexity is 1014.085
After 300 steps, perplexity is 865.635
After 400 steps, perplexity is 763.270
After 500 steps, pexplexity is 690.850
After 600 steps, perplexity is 638.918
After 700 steps, perplexity is 594.618
After 800 steps, perplexity is 554.851
After 900 steps, perplexity is 523.708
After 1000 steps, perplexity ia 499.647
After 1100 steps, perplexity is 476.428
After 1200 steps, perplsxity is 457.304
After 1300 steps, perplexity is 439.992
Epoch:1 Walidation Perplexity:255.191
In iteration:2
After 0 steps, perplexity is 384.652
After 100 steps, perplexity is 266.071
After 200 steps, perplexity is 271.318
After 300 steps, perplexity ia 272.079
After 400 steps, perplexity is 268.995
After 500 steps, perplexity is 266.685
After 600 steps, perplexity is 266.430
After 700 steps, perplexity is 263.946
After 800 steps, pexplexity is 259.338
After 900 steps, perplexity is 256.542
After 1000 steps, perplexity is 25d.876
After 1100 steps, perplexity is 251.513
After 1200 steps, perplexity is 248.929
After 1300 steps, perplexity is 246.094
Epoch:2 Walidation Perplexity:198.585
Test Perplexity:193.181
```

图 6.14　循环神经网络实现自然语言建模

【拓展步骤】

1. 自然语言建模基础知识

自然语言建模的目的是计算一个句子的出现概率,将句子看成单词的序列,使用自然语言建模可以确定哪个单词序列出现的概率更大,或者根据已定单词预测下一个可能出现的词语。比如输入拼音串"xianzaiquna",它的输出可以是"西安在去哪"或者是"现在去哪",根据语言常识,转换为第二个的概率更高,自然语言模型可以得到"现在去哪"的概率大于"西安在去哪"。

2. 下载 PTB 文本数据集

PTB(Penn Treebank Dataset)文本数据集是语言模型学习中目前使用最广泛的数据集。

首先下载 Tomas Mikolov 网站上的 PTB 数据，数据下载网址为 http://www.fit.vutbr.cz/~imikolov/rnnlm/simple-examples.tgz。

将下载的文件解压后可以得到文件夹列表，如图 6.15 所示。

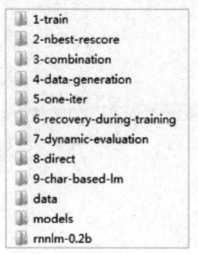

图 6.15 simple-examples.tgz 解压后文件夹列表

在任务拓展中只需要使用"data"文件夹下的数据，在"data"文件夹中一共有七个文件，只会使用到"ptb.test.txt"（测试集数据文件）、"ptb.train.txt"（训练集数据文件）和"ptb.valid.txt"（验证集数据文件）。对于其他文件的使用说明，感兴趣的读者可以自行参考"READ-ME"文件。

"ptb.test.txt"（测试集数据文件）、"ptb.train.txt"（训练集数据文件）和"ptb.valid.txt"（验证集数据文件）已经进行过预处理，包含 10000 个不同的语句和语句结束标记符（文本中的换行符）以及标记稀有词语的特殊符号 <unk>，以下展示训练数据中的一行。

> <unk> is chairman of <unk> n.v. the dutch publishing group

3. 使用循环神经网络实现自然语言建模

代码如 CORE0619 所示。

代码 CORE0619：循环神经网络实现自然语言建模

```python
import numpy as np
import tensorflow as tf
import reader
# 数据存储的路径
DATA_PATH ='data'
# 隐藏层大小
HIDDEN_SIZE = 200
# 深层循环神经网络中 LSTM 结构的层数
NUM_LAYERS = 2
```

```python
# 词典大小,加上语句结束标识符和稀有单词标识符共 10000 个单词
VOCAB_SIZE = 10000
# 学习速率
LEARNING_RATE = 1.0
# 学习数据 batch 大小
TRAIN_BATCH_SIZE = 20
# 学习数据截断长度
TRAIN_NUM_STEP = 35
# 在测试时不需要使用截断,所以将测试数据当作一个超长的序列
# 测试数据 batch 大小
EVAL_BATCH_SIZE = 1
# 测试数据截断长度
EVAL_NUM_STEP = 1
# 使用训练数据的轮速
NUM_EPOCH = 2
# 节点不被 dropout 的概率
KEEP_PROB = 0.5
# 控制梯度爆炸的参数
MAX_GRAD_NORM = 5
# 通过 PTBModel 类描述模型,方便维护循环神经网络中的状态
class PTBModel(object):
def __init__(self, is_training, batch_size, num_steps):
# 记录使用的 batch 大小和截断长度
self.batch_size = batch_size
self.num_steps = num_steps
# 定义输入层,输入层的维度为 batch_size*num_steps
self.input_data = tf.placeholder(tf.int32, [batch_size, num_steps])
# 定义预期输出
self.targets = tf.placeholder(tf.int32, [batch_size, num_steps])
# 定义使用 LSTM 结构为循环神经网络结构及训练时
# 使用 dropout 的深层循环神经网络
lstm_cell = tf.contrib.rnn.BasicLSTMCell(HIDDEN_SIZE)
if is_training:
lstm_cell = tf.contrib.rnn.DropoutWrapper(lstm_cell, output_keep_prob=KEEP_PROB)
cell = tf.contrib.rnn.MultiRNNCell([lstm_cell]*NUM_LAYERS)
# 初始化状态,全零向量
self.initial_state = cell.zero_state(batch_size, tf.float32)
# 将原本单词 ID 转为单词向量,共有 VOCAB_SIZE 个单词,
```

```
# 每个单词维度为 HIDDEN_SIZE
#embedding 单词维度为 VOCAB_SIZE*HIDDEN_SIZE
embedding = tf.get_variable('embedding', [VOCAB_SIZE, HIDDEN_SIZE])
# 将原本的 batch_size*num_steps 个单词 ID 转换为单词向量
# 转换后输入层维度为 batch_size*num_steps*HIDDEN_SIZE
inputs = tf.nn.embedding_lookup(embedding, self.input_data)
# 只在训练时使用 dropout
if is_training:
inputs = tf.nn.dropout(inputs, KEEP_PROB)
# 定义输出列表,先将不同时刻的 LSTM 结构的输出收集起来
# 再通过一个全连接层得到最终的输出
outputs = []
#state 存储不同 batch 中 LSTM 的状态,将其初始化为 0
state = self.initial_state
with tf.variable_scope('RNN'):
for time_step in range(num_steps):
if time_step > 0: tf.get_variable_scope().reuse_variables()
# 从输入数据中获取当前时刻的输入并传入到 LSTM 结构
cell_output, state = cell(inputs[:, time_step, :], state)
# 从当前输出加入输出队列
outputs.append(cell_output)
# 把输出对列展开成 [batch,hidden_size*num_steps]
# 然后将 reshape 转成 [batch*numsteps,hidden_size] 的形状
output = tf.reshape(tf.concat(outputs, 1), [-1, HIDDEN_SIZE])
# 从 LSTM 中得到的输出再经过一个全连接层得到最后预测结果
# 最后的预测结果在每一个时刻都是一个长度为 VOCAB_SIZE 的数组
# 经过 softmax 层之后表示下一个位置是不同单词的概率
weight = tf.get_variable('weight', [HIDDEN_SIZE, VOCAB_SIZE])
bias = tf.get_variable('bias', [VOCAB_SIZE])
logits = tf.matmul(output, weight) + bias
# 定义交叉熵损失函数和平均损失
loss = tf.contrib.legacy_seq2seq.sequence_loss_by_example(
# 预测结果
[logits],
# 期待的正确答案,这里将 [batch_size,num_steps] 二维数组压缩为一维数组
[tf.reshape(self.targets, [-1])],
# 损失的权重,这里所有权重为 1,
```

```
# 也就是不同的 batch 和不同时刻的重要程度是一样的
[tf.ones([batch_size * num_steps], dtype=tf.float32)])
# 计算得到的每个 batch 的平均损失
self.cost = tf.reduce_sum(loss) / batch_size
self.final_state = state
# 只在训练模型时定义反向传播操作
if not is_training: return
trainable_variables = tf.trainable_variables()
# 控制梯度大小，定义优化方法和训练步骤
# 通过 tf.clip_by_global_norm 函数控制梯度大小，避免梯度膨胀
grads, _ = tf.clip_by_global_norm(tf.gradients(self.cost, trainable_variables),
                            MAX_GRAD_NORM)
# 定义优化方法
optimizer = tf.train.GradientDescentOptimizer(LEARNING_RATE)
# 定义训练步骤
self.train_op = optimizer.apply_gradients(zip(grads, trainable_variables))
# 使用给定的模型 model 在数据 data 上运行 train_op 并返回在
# 全部数据上的 perplexity 值
def run_epoch(session, model, data, train_op, output_log, epoch_size)
# 计算 perplexity 的辅助变量
total_costs = 0.0
iters = 0
state = session.run(model.initial_state)
# 使用当前数据训练或测试模型
for step in range(epoch_size):
x, y = session.run(data)
# 在当前 batch 上运行 train_op 并计算损失值
cost, state, _ = session.run([model.cost, model.final_state, train_op],
{model.input_data: x, model.targets: y, model.initial_state: state})
# 将不同时刻、不同 batch 的概率加起来得到
# 第二个 perplexity 公式等号右边的部分
# 再将这个和做指数运算可以得到 perplexity 值
total_costs += cost
iters += model.num_steps
# 只有在训练时输出日志
if output_log and step % 100 == 0:
print('After %d steps, perplexity is %.3f' % (step, np.exp(total_costs / iters)))
# 返回给定模型在给定数据上的 perplexity 值
```

```
return np.exp(total_costs / iters)
def main():
# 获取原始数据
train_data, valid_data, test_data, _ = reader.ptb_raw_data(DATA_PATH)
train_data_len = len(train_data)
train_batch_len = train_data_len // TRAIN_BATCH_SIZE
train_epoch_size = (train_batch_len - 1) // TRAIN_NUM_STEP
valid_data_len = len(valid_data)
valid_batch_len = valid_data_len // EVAL_BATCH_SIZE
valid_epoch_size = (valid_batch_len - 1) // EVAL_NUM_STEP
test_data_len = len(test_data)
test_batch_len = test_data_len // EVAL_BATCH_SIZE
test_epoch_size = (test_batch_len - 1) // EVAL_NUM_STEP
# 定义初始化函数
initializer = tf.random_uniform_initializer(-0.05, 0.05)
# 定义训练用的循环神经网络
with tf.variable_scope('language_model', reuse=None, initializer=initializer):
train_model = PTBModel(True, TRAIN_BATCH_SIZE, TRAIN_NUM_STEP)
# 定义评估用的循环神经网络模型
with tf.variable_scope('language_model', reuse=True, initializer=initializer):
eval_model = PTBModel(False, EVAL_BATCH_SIZE, EVAL_NUM_STEP)
# 训练模型
with tf.Session() as session:
tf.global_variables_initializer().run()
train_queue = reader.ptb_producer(train_data, train_model.batch_size,
                                  train_model.num_steps)
eval_queue = reader.ptb_producer(valid_data, eval_model.batch_size,
                                 eval_model.num_steps)
test_queue = reader.ptb_producer(test_data, eval_model.batch_size,
                                 eval_model.num_steps)
coord = tf.train.Coordinator()
threads = tf.train.start_queue_runners(sess=session, coord=coord)
# 使用训练数据训练模型
for i in range(NUM_EPOCH):
print('In iteration: %d' % (i + 1))
# 在所有训练数据上训练循环模型神经网络
run_epoch(session, train_model, train_queue, train_model.train_op, True,
          train_epoch_size)
```

```
# 使用验证数据评测模型效果
valid_perplexity = run_epoch(session, eval_model, eval_queue, tf.no_op(), False,
            valid_epoch_size)
print('Epoch: %d Validation Perplexity: %.3f' % (i + 1, valid_perplexity))
# 最后使用测试数据测试模型效果
test_perplexity = run_epoch(session, eval_model, test_queue, tf.no_op(), False,
            test_epoch_size)
print('Test Perplexity: %.3f' % test_perplexity)
coord.request_stop()
coord.join(threads)
if __name__ == '__main__':
main()
```

如图 6.14 所示，迭代开始时 perplexity 值为 10043.839，这基本相当于从 10000 个单词中随机选择下一个单词，在循环神经网络训练结束后，在训练数据上的 perplexity 值降到 193.181，这表明通过训练过程，将选择下一个单词的范围从 10000 个减少到大约 194 个。通过调整 LSTM 隐藏层的节点个数和大小以及训练迭代轮数还可以将 perplexity 值降低。

本任务通过循环神经网络时间序列预测效果的实现，对循环神经网络有了初步了解，对神经网络的搭建和如何进行时间序列处理有所了解并掌握，并能够通过所学循环神经网络相关知识作出时间序列预测的效果。

feedforward neural network	前馈神经网络
recurrent neural network	循环神经网络
backpropagation	误差反向传递
backpropagation through time	随时间反向传播
word2Vec	词向量
dimensionality reduction	降维
long short term memory	长短时记忆网络
gated recurrent unit	门控循环单元
bi-directional recurrent neural network	双向循环神经网络
deep recurrent neural network	深层循环神经网络

一、选择题

1. 循环神经网络 RNN 单元不包括（　　　）。

A. 输入层　　　　　　B. 隐藏层　　　　　　C. 折叠层　　　　　　D. 输出层

2.GRU 中在隐藏层不同距离的数据信息对当前隐藏层状态影响不同，以下说法正确的是（　　　）。

A. 距离越远影响越小　　　　　　　　B. 距离越远权值越大

C. 影响越小权值越大　　　　　　　　D. 影响越小权值越小

3.LSTM 模型中有一个单元（cell）和（　　　）个门（gate）。

A. 一　　　　　　　　B. 二　　　　　　　　C. 三　　　　　　　　D. 四

4. 在传统循环神经网络中，状态的输出通常是（　　　）单向进行的。

A. 从前往后　　　　　B. 从后往前　　　　　C. 从左往右　　　　　D. 从右往左

5. 双向神经网络是由两个循环神经网络（　　　）叠加组成的。

A. 上下　　　　　　　B. 左右　　　　　　　C. 前后　　　　　　　D. 里外

二、填空题

1. 循环神经网络是一种对 _____ 显示建模的神经网络。

2. 训练循环神经网络使用 _____ 算法，并且权值共享。

3.Word2Vec 是一种 _____ 的预测模型。

4. 长短时记忆网络就是解决 _____ 问题而设计的。

5.“One-Hot Encoder”使每个词和向量对应，并且向量中只有一个值为 _____，其余为 _____。

三、上机题

下载康奈尔大学的 Corpus 数据集，里面含有 600 多部电影的对白（网址 http://www.cs.cornell.edu/~cristian/Cornell_Movie-Dialogs_Corpus.html），搭建循环神经网络，实现智能聊天机器人效果。

项目七　强化学习与自编码

通过自编码进行 MNIST 数字识别，了解强化学习在实际生活中的应用，学习强化学习和自编码的相关知识，掌握自编码神经网络的使用，具备使用自编码神经网络实现 MNIST 数字识别的能力。在任务实现过程中：

➢ 了解强化学习在实际生活中的应用；

➢ 学习强化学习和自编码的相关知识；

➢ 掌握自编码神经网络的使用；

➢ 具备使用自编码神经网络实现 MNIST 数字识别的能力。

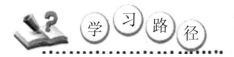

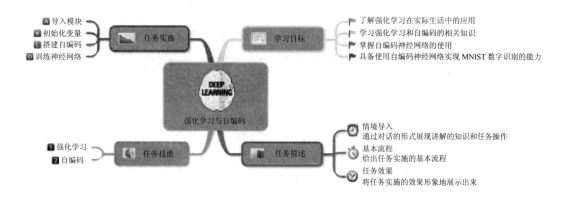

【情境导入】

【基本流程】

基本流程如图 7.1 所示,通过基本流程图可以了解自编码实现 MNIST 手写数字识别的流程和原理。

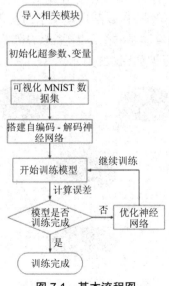

图 7.1　基本流程图

【任务效果】

通过本项目的学习,可以掌握自编码实现 MNIST 手写数字识别,任务实施效果如图 7.2 所示。

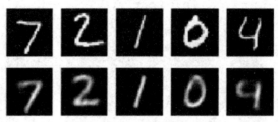

图 7.2   效果图

技能点 1   强化学习

1. 强化学习的概念

强化学习(reinforcement learning)是机器学习中的一个重要分支,介于监督学习和非监督学习之间,是多领域、多学科中交叉的产物,它的本质是解决决策问题,即在不同情况下,通过多步恰当的决策来达到所要求的目标,是一种序列多步决策(作出决定或选择)的问题。

在强化学习中,只有很少的标签,甚至不存在绝对正确的标签,使用奖励机制(强化学习的目标就是获得最多的累计奖励)在复杂环境中学习实现设定的目标,解决连续决策的问题。通俗来讲,使用强化学习算法是一个不断尝试,从错误中学习,最终找到规律,学会达到目的的方法。强化学习模型框架如图 7.3 所示。

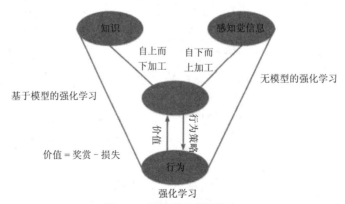

图 7.3   强化学习模型框架

强化学习包含四个主要概念:主体(agent)、环境状态(environment state)、行动(action)和奖励(reward)。图7.4所示为机器人学走路的例子,机器人若想要走路,需要先迈出一条腿保持身体的平衡,接下来迈出另一条腿。在这个走路的过程中,机器人就是主体,在地面上行走就是环境和状态,如果机器人可以走出10步,完成任务后会得到一些奖励。这个过程就是强化学习的过程。

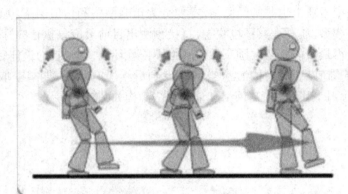

图7.4　机器人学走路

AlphaGo是一个战胜世界围棋冠军的人工智能程序,AlphaGo和柯洁下棋情境如图7.5所示,该程序使用强化学习作为主要算法,在人工智能围棋中,主体就是人工智能AlphaGo,环境状态就是当前围棋下的局势,行动就是某个位置的落子,奖励就是当前这步棋获得的数目,强化学习算法的最终目标就是在结束对弈时棋子总数目超过对手,在设计强化学习算法时,需要统筹环境状态、行动和奖励,得到最佳的策略,不能仅着眼于某次行动当下带来的利益,更要注重当下行动的未来价值。

图7.5　AlphaGo和柯洁下棋情境图

简而言之,强化学习的目标就是寻找一个能使主体获得最大奖励的策略。

2. 强化学习的特点

强化学习是一种以环境反馈作为特殊的输入的机器学习方法,具有以下特点:

(1)强化学习是一种可以在线使用的增量式学习;

(2)强化学习体系可以扩展;

（3）强化学习应用在不同的领域及不确定的环境下；

（4）强化学习是一种弱的学习方式，表现为 Agent 得到的反馈是奖赏形式；

（5）强化学习有四个组成要素，即奖赏函数、策略、值函数、可选环境模型，其中奖赏函数是在与环境交互的过程中产生的奖励信号，策略是规定可能存在的状态，具有随机性，决定 Agent 的行动和整体性能。

强化学习模型本质上也是神经网络，主要分为策略网络和估值网络。策略网络就是建立一个神经网络模型，通过观察环境状态，直接预测出目前最应该执行的行动策略，执行该行动策略可以获得最大的期望奖励。估值网络不依赖环境模型，它的最佳行动策略关键在于每一个状态下价值最高的行动，从当前这步到后续所有步骤，期望获取最大价值。在 AlphaGo 对弈棋局中，用到的策略网络和估值网络结构如图 7.6 所示。

策略网络　　　　　　　　　　　　估值网络

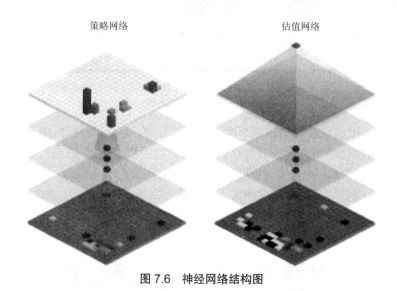

图 7.6　神经网络结构图

 说明：通过上述强化学习的介绍，想了解强化学习跟监督学习的关系吗？扫描图中二维码，跟我一起学习更多的知识吧！

3. 强化学习应用案例

强化学习应用场景非常广泛，比如自动玩游戏、控制机器人执行特定任务、无人驾驶汽车等。

1）自动玩游戏

如图 7.7 所示，使用强化学习自动玩微信跳一跳游戏。其原理是通过神经网络前几层卷积层，对游戏图像像素进行学习，理解和识别游戏图像中的物体，后层神经网络对行动

（action）的期望进行学习，将这两部分结合起来，就可以实现根据游戏像素自动玩微信跳一跳游戏。

图 7.7 使用强化学习玩微信跳一跳游戏

2）控制机器人执行任务

如图 7.8 所示，使用强化学习控制机器人执行任务效果。传统的机械自动化控制需要给机械装置编写逻辑复杂的控制代码，比如控制机械手臂拾取物品，首先需要设计一套逻辑，然后控制舵机运转，进而驱动控制机械手臂各关节转动，最后实现拾取物品。使用强化学习模型，可以让机器手臂自己学会拾取物品，在神经网络前几层可使用卷积神经网络对摄像头捕捉的图像进行处理和分析，使神经网络可以分析当前环境并识别物体位置，再通过强化学习框架学习一系列操作拾取物品。

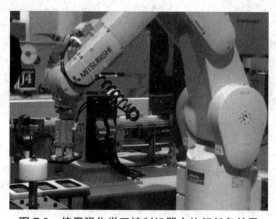

图 7.8 使用强化学习控制机器人执行任务效果

3）无人驾驶

如图 7.9 所示，无人驾驶汽车通过摄像头、传感器、雷达等对路况环境进行实时监测，再通过强化学习模型中的 CNN、RNN 等对记录的路况信息进行处理，结合算法预测汽车当前应该执行的动作，实现自动驾驶。

图 7.9　无人驾驶对路况环境进行监测并对汽车进行控制

4）AlphaGo

AlphaGo 是强化学习最具代表性的实践，2015 年 10 月 AlphaGo 以 5∶0 完胜欧洲围棋冠军、职业二段选手樊麾，2016 年 3 月以 4∶1 战胜世界围棋冠军、职业九段选手李世石，如图 7.10 所示。

图 7.10　AlphaGo 大战李世石

AlphaGo 通过两个不同的神经网络合作来改进下棋，这些多层神经网络和 Google 图片搜索引擎识别图片结构相似，它们从多层启发式二维过滤器开始，就像图片分类器网络处理图片一样，去处理围棋棋盘的定位，经过过滤，13 个完全连接的神经网络层对当前局面进行判断，并能够做分类和逻辑推理。神经网络通过反复训练检查结果，再校对调整参数，让下次执行得更好，当然这个处理器有大量的随机性元素，所以不可能精确地知道神经网络是如何决策思考的。

4. 强化学习应用步骤

强化学习可以应用在各行各业，其中使用强化学习模型中的策略网络解决 CartPole 是一个经典的可以用强化学习解决的控制问题，效果如图 7.11 所示，CartPole 环境中有一辆小车在轨道上行动，车上连接着一个不稳定的杆，这个杆会左右摇晃。此时可以从环境得到车的位置和速度、杆的角度和速度等信息,通过设计决策网络让神经网络从环境数据中学习,制定最佳行动策略,使小车和杆协调,杆竖直不倒(当小车偏离中心超过 2.4 个单位距离或者杆的倾斜角超过 15°时,任务失败,自动结束本次任务)。

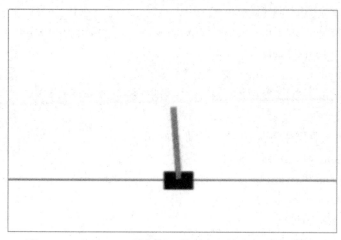

图 7.11　CartPole 环境包括可控制方向的小车和摇晃的杆

使用强化学习模型中的策略网络解决 CartPole 实现图 7.11 所示效果的步骤如下。

第一步:导入相关模块,这里使用 OpenAI Gym 辅助策略网络训练,Gym 为研究者和开发者提供方便的强化学习任务环境,可以进行棋牌游戏、视频图像游戏等强化学习训练,代码如 CORE0701 所示。

代码 CORE0701:导入相关模块

```
import numpy as np
import tensorflow as tf
# 导入 OpenAI Gym 模块
import gym
# 使用 gym.make('CartPole-v0') 创建 CartPole 问题的任务环境 env
env = gym.make('CartPole-v0')
```

第二步:测试 CartPole 环境中使用随机行为的表现,与后续经过强化学习训练的行为进行对比,随机策略获得的奖励在 9~24,均值为 15 左右,这将作为接下来训练的对比基准,代码如 CORE0702 所示,效果如图 7.12 所示。

代码 CORE0702:测试 CartPole 环境中使用随机行为的表现

```
# 初始化环境
env.reset()
random_episodes = 0
reward_sum = 0
# 进行 10 次随机试验
while random_episodes < 10:
```

```
# 将 CartPole 问题的图像渲染出来
env.render()
#np.random.randint(0,2) 产生随机活动
#env.step() 执行随机活动
observation, reward, done, _ = env.step(np.random.randint(0,2))
reward_sum += reward
# 若 done 标记为 True 代表试验结束
# 倾斜角超过 15 度或偏离中心过远则任务失败
if done:
    # 试验结束后展示累计奖励 reward_sum
    random_episodes += 1
    print("Reward for this episode was:",reward_sum)
    reward_sum = 0
    # 重启环境
    env.reset()
```

```
Reward for this episode was:13.0
Reward for this episode was:12.0
Reward for this episode was:9.0
Reward for this episode was:15.0
Reward for this episode was:15.0
Reward for this episode was:24.0
Reward for this episode was:21.0
Reward for this episode was:15.0
Reward for this episode was:16.0
Reward for this episode was:14.0
```

图 7.12　测试 CartPole 环境中使用随机行为的表现

第三步：设置超参数，并定义策略网络的具体结构，代码如 CORE0703 所示。

代码 CORE0703：设置超参数，并定义策略网络的具体结构

```
# 设置超参数
# 隐含层节点数量
H = 50
# 批大小
batch_size = 25
# 学习率
learning_rate = 1e-1
# 奖励的 discount 比例设置为 0.99，
# 通常 discount 比例小于 1，防止奖励被无消耗地不断累加导致发散
gamma = 0.99
```

```
# 环境信息的 observation 维度为 4
D = 4
# 清除默认图形堆栈并重置全局默认图形
tf.reset_default_graph()
# 定义策略网络的具体结构
# 最后输出概率值用以选择活动
# 只有两个活动,向左施加力或者向右施加力,可以通过概率值决定
# 该网络接收 observation 作为输入信息
# 创建 observation 占位符,维度为 D
observations = tf.placeholder(tf.float32, [None,D] , name="input_x")
# 使用 tf.contrib.layers.xavier_initializer() 初始化算法创建隐藏层权重 W1
# 设置维度为 [D, H]
W1 = tf.get_variable("W1", shape=[D, H],
                        initializer=tf.contrib.layers.xavier_initializer())
# 使用 tf.matmul 将环境信息 observation 乘上 W1
# 再使用 tf.nn.relu 激活函数非线性处理
# 得到隐藏层 layer1,这里不需要加偏置
layer1 = tf.nn.relu(tf.matmul(observations,W1))
# 同理创建隐藏层权重 W2
W2 = tf.get_variable("W2", shape=[H, 1],
                        initializer=tf.contrib.layers.xavier_initializer())
# 将隐藏层输出 layer1 乘以 W2
score = tf.matmul(layer1,W2)
# 使用 tf.nn.sigmoid 激活函数输出最后概率
probability = tf.nn.sigmoid(score)
```

第四步:优化神经网络,代码如 CORE0704 所示。

代码 CORE0704:优化神经网络

```
# 使用 Adam 算法进行优化
adam = tf.train.AdamOptimizer(learning_rate=learning_rate)
# 分别设置两层神经网络参数的梯度 W1Grad 和 W2Grad
W1Grad = tf.placeholder(tf.float32,name="batch_grad1")
W2Grad = tf.placeholder(tf.float32,name="batch_grad2")
batchGrad = [W1Grad,W2Grad]
# 定义 updateGrads,使用 adam.apply_gradients 更新模型参数
# 强化学习神经网络训练也是按批次训练
# 累计一个批次样本的梯度更新参数
# 防止单一样本随机扰动的噪声对模型带来不良影响
```

```
updateGrads = adam.apply_gradients(zip(batchGrad,tvars))
```

第五步：创建价值评估函数，估算每一个活动对应的潜在价值，价值评估需要精准地衡量每次活动带来的价值，不能只注重当前的奖励，还需要考虑后面的奖励，代码如 CORE0705 所示。

代码 CORE0705：创建价值评估函数

```
def discount_rewards(r):
    discounted_r = np.zeros_like(r)
    # 创建变量 running_add
    # 定义每个活动除直接获得的奖励外的潜在价值为 running_add
    running_add = 0
    #running_add 从后向前累计，并需要经过 discount 衰减
    # 从最后一个活动开始不断向前累加计算
    # 获得全部活动的潜在价值
    # 越靠前的活动潜在价值越大
    for t in reversed(range(r.size)):
        # 每一个活动的潜在价值，即为后一个活动的潜在价值
        # 乘以衰减系数 gamma 再加上它直接获得的奖励
        # 即 running_add * gamma + r[t]
        running_add = running_add * gamma + r[t]
        discounted_r[t] = running_add
    return discounted_r
```

第六步：定义人工设置的虚拟标记（label）以及每个活动的潜在价值，代码如 CORE0706 所示。

代码 CORE0706：定义人工设置的虚拟标记以及每个活动的潜在价值

```
# 人工设置的虚拟 label
input_y = tf.placeholder(tf.float32,[None,1], name="input_y")
# 每个活动的潜在价值
advantages = tf.placeholder(tf.float32,name="reward_signal")
#loglik 是当前对应概率的对数
loglik = tf.log(input_y*(input_y - probability) + (1 - input_y)*(input_y + probability))
# 优化目标：loglik 与潜在价值 advantages 相乘并取负数作为损失
loss = -tf.reduce_mean(loglik * advantages)
# 获取策略网络中全部可训练的参数 tvars
tvars = tf.trainable_variables()
# 求解模型参数关于损失的梯度
newGrads = tf.gradients(loss,tvars)
```

第七步：初始化变量，训练神经网络，策略网络在经历 200 次试验，即八个 batch 的训练和参数更新后，达到 batch 内平均 95.76 的奖励，相对于随机策略，得到了很大提升。经过更多次的训练以及神经网络的优化，可以更好、更快地得到奖励。代码如 CORE0707 所示，效果如图 7.13 所示。

代码 CORE0707：初始化变量，训练神经网络

```python
# 初始化变量
#xs 为环境信息 observation 的列表
#ys 为标签列表
#drs 为记录的每一个活动的奖励
xs,ys,drs = [],[],[]
# 定义累计的奖励为 reward_sum
reward_sum = 0
episode_number = 1
# 总试验次数 total_episodes 为 10000
total_episodes = 10000
# 训练神经网络
with tf.Session() as sess:
    # 初始化变量
    init = tf.global_variables_initializer()
    sess.run(init)
    # 将 render 标志关闭，因为 render 会带来较大延迟
    rendering = False
    # 初始化环境
    observation = env.reset()
    # 执行 tvars 所有模型参数
    # 创建储存参数梯度的缓冲器 gradBuffer
    gradBuffer = sess.run(tvars)
    # 将 gradBuffer 全部初始化为 0
    for ix,grad in enumerate(gradBuffer):
        gradBuffer[ix] = grad * 0
    # 接下来每次试验将收集到的梯度存储到 gradBuffer 中
    # 直到完成一个 batch_size 试验
    # 再将汇总的梯度更新到模型参数
    # 循环训练神经网络
    while episode_number <= total_episodes:
        # 当某个批次的平均奖励达到 100 以上时，调用 env.render 对环境进行展示
        if reward_sum/batch_size > 100 or rendering == True :  ·
            env.render()
```

```
                    rendering = True
        # 将 observation 变形为策略网络的格式,然后传入网络
        x = np.reshape(observation,[1,D])
        # 执行 probability 获得网络输出的概率 tfprob
        # 即活动为 1 的概率
        tfprob = sess.run(probability,feed_dict={observations: x})
        # 在(0,1)区间随机抽样,若小于 tfprob,活动取值为 1
        # 否则活动取值为 0,即活动取值为 1 的概率为 tfprob
        action = 1 if np.random.uniform() < tfprob else 0
        # 将输入的环境信息 observation 添加到列表 xs
        xs.append(x)
        # 自定义的虚拟标签 label,取值与活动相反,添加到列表 ys
        y = 1 if action == 0 else 0
        ys.append(y)
        # 获取 observation,reward,done 和 info
        observation, reward, done, info = env.step(action)
        # 将 reward 累加到 reward_sum
        reward_sum += reward
        # 将 reward 添加到列表 drs
        drs.append(reward)
        # 当 done 为 True 时即一次试验结束时,将 episode_number 加 1
        if done:
            episode_number += 1
        # 使用 np.vstack 将 xs、ys 和 drs 中元素纵向堆叠起来
        # 得到 epx、epy 和 epr
        #epx、epy 和 epr 即为一次试验中获得的所有 observation、label 和 reward
          epx = np.vstack(xs)
          epy = np.vstack(ys)
          epr = np.vstack(drs)
          # 将 xs、ys 和 drs 清空以备下次试验使用
          xs,ys,drs = [],[],[]
          # 计算每一步活动潜在价值
          discounted_epr = discount_rewards(epr)
          # 数据标准化处理,减去均值再除以标准差
          # 得到一个零均值标准差为 1 的分布
          discounted_epr -= np.mean(discounted_epr)
          .discounted_epr /= np.std(discounted_epr)
          # 将 epx、epy 和 epr 传入神经网络,使用 newGrads 求解梯度
```

```
        tGrad = sess.run(newGrads,feed_dict={observations: epx, input_y: epy,
                    advantages: discounted_epr})
        # 将获取的梯度累加到 gradBuffer 中
        for ix,grad in enumerate(tGrad):
            gradBuffer[ix] += grad
    # 试验的次数达到 batch_size 整数倍时，gradBuffer 中就累计足够的梯度
    if episode_number % batch_size == 0:
        #updateGrads 将 gradBuffer 中的梯度更新到策略网络的模型参数中
        sess.run(updateGrads,feed_dict={W1Grad:
                    gradBuffer[0],W2Grad:gradBuffer[1]})
        # 清空 gradBuffer，为下一批梯度做准备
        for ix,grad in enumerate(gradBuffer):
            gradBuffer[ix] = grad * 0
        # 输出当前试验次数 episode_number 和 batch 内每次试验平均获
        # 得的 reward
        print('Average reward for episode %d : %f.' %
                    (episode_number,reward_sum/batch_size))
        #batch 内每次试验的平均 reward 大于 200 时，
        # 策略网络就完成任务并终止循环
        if reward_sum/batch_size > 200:
            print("Task solved in",episode_number,'episodes!')
            break
        # 如果没有达到目标就清空 reward_sum
        # 重新累计下一个 batch 的 reward
        reward_sum = 0
    # 每次结束后重置环境 env，方便下一次试验
    observation = env.reset()
```

```
Average reward for episode 25:23.320000.
Average reward for episode 50:47.640000.
Average reward for episode 75:58.400000.
Average reward for episode 100:68.320000.
Average reward for episode 125:72.280000.
Average reward for episode 150:68.360000.
Average reward for episode 175:95.320000.
Average reward for episode 200:95.760000.
```

图 7.13 输出策略网络训练 200 次的奖励

技能点 2   自编码

1. 自编码概念

初识自编码时可能会使人联想到生活中的二维码和条形码,其实自编码与二维码和条形码是不一样的,二维码和条形码可以用来表示商品的信息或内容,而自编码是一种神经网络形式,是一种数据的压缩算法,其主要作用是通过神经网络实现压缩和解压缩,采用无监督学习方式,也就是在训练神经网络的时候无须标记数据,对数据进行训练学习,它的输入和输出一致,使用稀疏的一些高阶特征重新组合编码自己(可以理解为压缩特征)。自编码可以理解为是通过三层前馈神经网络实现的,如图 7.14 所示。

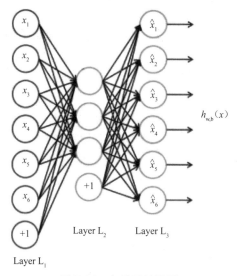

图 7.14   自编码结果图

由图 7.14 可知,第一层把 X 编码,期望使用高阶特征编码自己,不仅仅是复制像素点;第二层解码还原 X,期望神经网络的输出和原始输入一致。

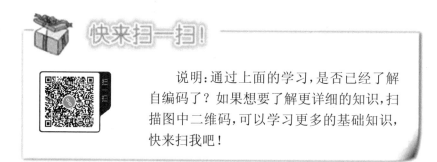

说明:通过上面的学习,是否已经了解自编码了? 如果想要了解更详细的知识,扫描图中二维码,可以学习更多的基础知识,快来扫我吧!

2. 自编码分类

自编码是神经网络的一种,其内部包含一个隐藏层,通过隐藏层中新的特征来表征原始数据,通过隐含特征可以将自编码分为稀疏自编码、栈式自编码、去噪自编码等。这些编码拥有共同的优势,即都是针对简单地学习恒等函数,除此之外,还可以重建误差和减小模型化代表性的能力。

1)稀疏自编码

稀疏自编码主要用来学习特征,进行分类任务,训练时结合编码层的重构误差和稀疏惩罚:$L(x,g(f(x)))+\Omega(h)$,其中 $g(h)$ 是解码器的输出,通常 h 是编码器的输出,即 $h=f(x)$,使用稀疏自编码可以反映训练数据集的独特统计特征,从而得到有用的特征模型。

稀疏自编码能够减小编码后隐藏层的神经元个数,使得隐藏层中的神经元处于抑制状态。使用稀疏自编码的原理如图 7.15 所示。

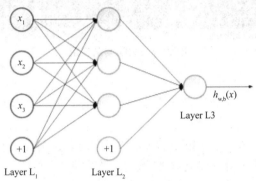

图 7.15　稀疏自编码的原理

2)栈式自编码

栈式自编码是一个由多层稀疏自编码组成的神经网络,主要流程是通过前一层的自编码输出作为后一层的自编码输入,获取栈式自编码神经参数,适用于初始化深度神经网络权重比较多的场合。图 7.16 所示为栈式自编码案例流程图。

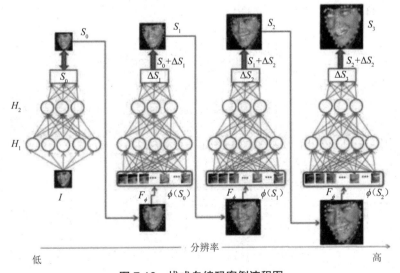

图 7.16　栈式自编码案例流程图

栈式自编码具有强大的表达能力和深度神经网络的所有优点,通常用来表示输入数据的特征,例如输入数据集是人脸图像,更高层会学习识别或鼻子、嘴巴、眼睛等人脸器官。

3)去噪自编码

去噪编码器主要是在自动编码器上接收损坏数据,来训练预测原始未被损坏数据作出输出的自编码器。去噪编码器可以解决自动编码器编解码的性能问题,其泛化能力比一般编码器要强,主要应用于图像中。图 7.17 所示为一张图片去噪前和去噪后的对比。

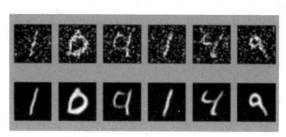

图 7.17　去噪案例应用

3. 自编码应用

目前,自编码器的应用主要有两个方面:第一是通过稀疏自编码进行叫视化而降维;第二是通过去噪自编码进行数据去噪。

通常设计自编码神经网络的思路是将非监督学习和监督学习结合,先用自编码的方法进行无监督训练,提取特征并初始化权重(相当于数据特征压缩、去冗余),然后使用标记信息进行监督训练。当然自编码也可以直接进行特征提取和分析,先提取特征并初始化权重,然后使用解码器还原数据的精髓(相当于数据特征解压),对比还原后的数据和输入数据的差异,再进行优化训练,使得输入数据和还原数据差异最小(最理想是输出神经元数量等于输入神经元数量),此时误差最小。

使用非监督学习和监督学习结合的方式,训练自编码神经网络实现图 7.18 所示的MNIST 手写数字识别,TensorFlow 自编码提取 MNIST 数字集中最有用、出现最频繁的高阶特征,根据这些特征重构数据,实现 MNIST 数字识别。

```
Epoch:0001 cost=19108.135907955
Epoch:0002 cost=13801.708439773
Epoch:0003 cost=10034.281089773
Epoch:0004 cost=10472.465464205
Epoch:0005 cost=9487.342127841
Epoch:0006 cost=9213.235521591
Epoch:0007 cost=8792.636650000
Epoch:0008 cost=8983.882383523
Epoch:0009 cost=9028.765900000
Epoch:0010 cost=8362.503573864
Epoch:0011 cost=8231.388302841
Epoch:0012 cost=8763.026691477
Epoch:0013 cost=8296.559221023
Epoch:0014 cost=8387.227888068
Epoch:0015 cost=8731.511555114
Epoch:0016 cost=8059.706598295
Epoch:0017 cost=8364.876115909
Epoch:0018 cost=7613.318419318
Epoch:0019 cost=7435.872655114
Epoch:0020 cost=8035.273109659
Total cost:619922.8
```

图 7.18　自编码实现 MNIST 手写数字识别

自编码实现 MNIST 手写数字识别,实现步骤如下。

第一步:导入相关模块,并加载 MNIST 数据集,代码如 CORE0708 所示。

代码 CORE0708：导入相关模块，并加载 MNIST 数据集

```
import numpy as np
# 对数据进行预处理的常用模块
import sklearn.preprocessing as prep
import tensorflow as tf
# 加载 MNIST 数据
from tensorflow.examples.tutorials.mnist import input_data
mnist = input_data.read_data_sets('MNIST_data', one_hot = True)
```

第二步：自编码参数初始化，代码如 CORE0709 所示。

代码 CORE0709：自编码参数初始化

```
#xavier 初始化器在 Caffe 早期版本频繁使用
# 它会根据某一层网络的输入、输出节点数量自动调整合适分布
#fan_in 是输入节点数量，fan_out 是输出节点数量
def xavier_init(fan_in, fan_out, constant = 1):
    low = -constant * np.sqrt(6.0 / (fan_in + fan_out))
    high = constant * np.sqrt(6.0 / (fan_in + fan_out))
    # 实现标准的均匀分布的 xavier 初始化器
    return tf.random_uniform((fan_in, fan_out),
                        minval = low, maxval = high,
                        dtype = tf.float32)
```

第三步：定义去噪自编码类，该类包含相关成员方法，代码如 CORE0710 所示。

代码 CORE0710：定义去噪自编码类

```
# 定义去噪自编码类
class AdditiveGaussianNoiseAutoencoder(object):
    #n_input 输入变量数，n_hidden 隐藏节点数，
    #transfer_function 隐藏层激活函数，默认为 tf.nn.softplus，
    #optimizer 优化器，默认为 Adam，scale 高斯噪声系数默认为 0.1
    def __init__(self, n_input, n_hidden, transfer_function = tf.nn.softplus, optimizer =
            tf.train.AdamOptimizer(),scale = 0.1):
        self.n_input = n_input
        self.n_hidden = n_hidden
        self.transfer = transfer_function
        self.scale = tf.placeholder(tf.float32)
        self.training_scale = scale
        network_weights = self._initialize_weights()
```

```
        self.weights = network_weights
        # 定义网络结构
        # 输入 x 创建一个维度为 n_input 的占位符
        self.x = tf.placeholder(tf.float32, [None, self.n_input])
        # 创建一个能提取特征的隐藏层
        # 使用 self.x + scale * tf.random_normal((n_input,)) 将 x 加上噪声
        # 使用 tf.matmul 将加入噪声的输入和隐藏层的权值 w1 相乘
        # 使用 tf.add 加入隐藏层偏置 b1
        # 使用 transfer 对结果进行激活函数处理
        self.hidden = self.transfer(tf.add(tf.matmul(self.x + scale *
                                        tf.random_normal((n_input,)),
                        self.weights['w1']),
                        self.weights['b1']))
        # 建立 reconstruction 输出层
        # 对数据进行复原、重建操作
        # 直接对隐藏层的输出 self.hidden 乘以输出层的权值 w2
        # 再加上输出层偏置 b2
        self.reconstruction = tf.add(tf.matmul(self.hidden, self.weights['w2']),
                                        self.weights['b2'])
        # 定义自编码损失函数
        # 使用平方误差,用 tf.subtract 计算输出和输入之差
        # 再使用 tf.pow 求差的平方、tf.reduce_sum 求和得到平方误差
        self.cost = 0.5*tf.reduce_sum(tf.pow(tf.subtract(self.reconstruction,self.x), 2.0))
        # 对损失函数进行优化
        self.optimizer = optimizer.minimize(self.cost)
        # 初始化变量
        init = tf.global_variables_initializer()
        # 创建会话
        self.sess = tf.Session()
        # 初始化自编码器所有模型参数
        self.sess.run(init)
    # 创建参数初始化方法
    def _initialize_weights(self):
        # 创建字典
        all_weights = dict()
        # 将 w1、b1、w2 和 b2 存入其中
        #w1 需要使用 xavier_init 函数初始化,传入输入节点和隐藏层节点
        # 返回较为适合的 softplus 等激活函数的权值初始分布
```

```
        all_weights['w1'] = tf.Variable(xavier_init(self.n_input, self.n_hidden))
        #b1 全置为 0
        all_weights['b1'] = tf.Variable(tf.zeros([self.n_hidden], dtype = tf.float32))
        # 输出层 self.reconstruction 没有激活函数，所以将 w2 和 b2 全部初始化为 0
        all_weights['w2']=tf.Variable(tf.zeros([self.n_hidden,self.n_input],dtype=
                                            tf.float32))
        all_weights['b2'] = tf.Variable(tf.zeros([self.n_input], dtype = tf.float32))
        # 返回字典
        return all_weights
# 计算损失
def partial_fit(self, X):
        # 计算损失 cost 和训练过程 opt
        cost, opt = self.sess.run((self.cost, self.optimizer), feed_dict = {self.x: X,
                                self.scale: self.training_scale})
        return cost
# 仅求损失的函数，不会像 partial_fit 方法那样触发训练操作
def calc_total_cost(self, X):
        return self.sess.run(self.cost, feed_dict = {self.x: X,
                                            self.scale: self.training_scale})
# 返回自编码隐藏层的结果
# 提供一个接口来获取抽象的特征
# 自编码隐藏层最主要作用是学习出数据中的高阶特征
def transform(self, X):
        return self.sess.run(self.hidden, feed_dict = {self.x: X,
                                    self.scale: self.training_scale})
# 将隐藏层的输出结果作为输入
# 通过之后的重建层将提取到的高阶特征还原为原始数据
def generate(self, hidden = None):
        if hidden is None:
            hidden = np.random.normal(size = self.weights["b1"])
        return self.sess.run(self.reconstruction, feed_dict = {self.hidden: hidden})
# 运行复原过程
def reconstruct(self, X):
# 提取高阶特征和通过高阶特征复原数据
        return self.sess.run(self.reconstruction, feed_dict = {self.x: X,
                                        self.scale: self.training_scale})
# 获取隐藏层权值 w1
def getWeights(self):
```

```
        return self.sess.run(self.weights['w1'])
    # 获取隐藏层偏置 b1
    def getBiases(self):
        return self.sess.run(self.weights['b1'])
```

第四步：定义对训练、测试数据进行标准化处理的函数，标准化就是使数据变为标准差为 1 且均值为 0 的分布，实现方式就是先减去均值，再除以标准差，代码如 CORE0711 所示。

代码 CORE0711：定义对训练、测试数据进行标准化处理的函数

```
def standard_scale(X_train, X_test):
    preprocessor = prep.StandardScaler().fit(X_train)
    X_train = preprocessor.transform(X_train)
    X_test = preprocessor.transform(X_test)
    return X_train, X_test
```

第五步：创建获取随机 block 数据函数，取一个从 0 到 len(data)-batch_size 之间的随机整数，再以这个随机数作为 block 的起始位置，顺序取到一个 batch_size 数据，代码如 CORE0712 所示。

代码 CORE0712：创建获取随机 block 数据函数

```
def get_random_block_from_data(data, batch_size):
    start_index = np.random.randint(0, len(data) − batch_size)
    return data[start_index:(start_index + batch_size)]
```

第六步：初始化变量，训练神经网络，代码如 CORE0713 所示。

代码 CORE0713：初始化变量，训练神经网络

```
# 对训练集、测试集进行标准化变换
X_train, X_test = standard_scale(mnist.train.images, mnist.test.images)
# 初始化变量
# 总训练样本数
n_samples = int(mnist.train.num_examples)
# 最大训练轮数
training_epochs = 20
# 批大小
batch_size = 128
# 设置每隔一轮（epoch）就显示一次损失
display_step = 1
# 创建 AGN 自编码器实例
#n_input 输入节点数、n_hidden 隐藏层节点数
#transfer_function 激活函数
#optimizer 优化器、scale 学习率
```

```
autoencoder = AdditiveGaussianNoiseAutoencoder(n_input = 784,
                                                n_hidden = 200,
    transfer_function = tf.nn.softplus,
                            optimizer = tf.train.AdamOptimizer(learning_rate = 0.001),
                                                scale = 0.01)
# 遍历训练神经网络
for epoch in range(training_epochs):
        # 平均损失为 0
        avg_cost = 0.
        # 计算总共需要的 batch 数
        total_batch = int(n_samples / batch_size)
        # 每一个 batch 循环
        for i in range(total_batch):
                # 随机抽取一个 block 数据
                batch_xs = get_random_block_from_data(X_train, batch_size)
                # 训练这个 batch 数据,并计算当前损失
                cost = autoencoder.partial_fit(batch_xs)
                # 将当前损失整合到 avg_cost 中
                avg_cost += cost / n_samples * batch_size
        # 设置每隔一轮(epoch)就显示一次损失
        if epoch % display_step == 0:
                print("Epoch:", '%04d' % (epoch + 1), "cost=", "{:.9f}".format(avg_cost))
# 使用平方误差对训练后的模型进行性能测试
print("Total cost:" + str(autoencoder.calc_total_cost(X_test)))
```

任　务　实　施

　　根据图 7.1 基本流程,通过下面三个步骤的操作,优化技能点 2,使用自编码、解码的方式,训练自编码神经网络,实现图 7.2 所示的 MNIST 数字识别效果。

　　第一步:导入相关模块,设置超参数,导入并可视化 MNIST 数据集,对第一张数据图片进行可视化,代码如 CORE0714 所示,效果如图 7.19 所示。

代码 CORE0714:导入相关模块,设置超参数,导入并可视化 MNIST 数据集
import tensorflow as tf
from tensorflow.examples.tutorials.mnist import input_data
import matplotlib.pyplot as plt
from matplotlib import cm

```
import numpy as np
# 批大小
BATCH_SIZE = 64
# 学习率
LR = 0.002
# 显示图像数量
N_TEST_IMG = 5
# 导入 MNIST 数据集
mnist = input_data.read_data_sets('./MNIST_data', one_hot=False)
test_x = mnist.test.images[:200]
test_y = mnist.test.labels[:200]
# 可视化 MNIST 数据集第一个数字图片
# 输出训练集图片特征形状 (55000, 28 * 28)
print(mnist.train.images.shape)
# 输出训练集标签形状 (55000, 10)
print(mnist.train.labels.shape)
# 可视化数字图像
plt.imshow(mnist.train.images[0].reshape((28, 28)), cmap='gray')
# 标签作为可视化图像标题
plt.title('%i' % mnist.train.labels[0])
plt.show()
```

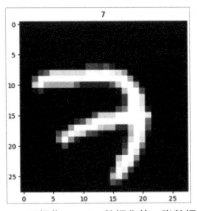

图 7.19   可视化 MNIST 数据集第一张数据图片

第二步：初始化变量，搭建自编码、解码神经网络，代码如 CORE0715 所示。

代码 CORE0715：初始化变量，搭建自编码、解码神经网络

```
# 定义占位符
tf_x = tf.placeholder(tf.float32, [None, 28*28])
# 编码（压缩特征）
```

```
# 激活函数非线性处理
en0 = tf.layers.dense(tf_x, 128, tf.nn.tanh)
en1 = tf.layers.dense(en0, 64, tf.nn.tanh)
en2 = tf.layers.dense(en1, 12, tf.nn.tanh)
encoded = tf.layers.dense(en2, 3)
# 解码(解压特征)
# 激活函数非线性处理
de0 = tf.layers.dense(encoded, 12, tf.nn.tanh)
de1 = tf.layers.dense(de0, 64, tf.nn.tanh)
de2 = tf.layers.dense(de1, 128, tf.nn.tanh)
decoded = tf.layers.dense(de2, 28*28, tf.nn.sigmoid)
# 计算误差
loss = tf.losses.mean_squared_error(labels=tf_x, predictions=decoded)
#Adam 优化器进行优化
train = tf.train.AdamOptimizer(LR).minimize(loss)
```

第三步：训练神经网络，并可视化 MNIST 数字识别训练过程，代码如 CORE0716 所示，效果如图 7.20 所示。

代码 CORE0716：训练神经网络，并可视化 MNIST 数字识别训练过程

```
# 可视化自编码训练 MNIST 数据识别的训练过程
f, a = plt.subplots(2, N_TEST_IMG, figsize=(5, 2))
plt.ion()
# 训练神经网络
with tf.Session() as sess：
    # 变量初始化
    sess.run(tf.global_variables_initializer())
    # 前 5 张图片数据
    view_data = mnist.test.images[:N_TEST_IMG]
    for i in range(N_TEST_IMG):
        a[0][i].imshow(np.reshape(view_data[i], (28, 28)), cmap='gray')
        a[0][i].set_xticks(()); a[0][i].set_yticks(())
    # 遍历训练 8000 次
    for step in range(8000):
        b_x, b_y = mnist.train.next_batch(BATCH_SIZE)
        encoded_,decoded_,loss_ = sess.run([train,encoded,decoded,loss],{tf_x: b_x})
        # 每隔 100 次刷新可视化图像，并输出损失
        if step % 100 == 0:
            print('train loss: %.4f' % loss_)
```

```
decoded_data = sess.run(decoded, {tf_x: view_data})
for i in range(N_TEST_IMG):
    a[1][i].clear()
    a[1][i].imshow(np.reshape(decoded_data[i], (28, 28)), cmap='gray')
    a[1][i].set_xticks(()); a[1][i].set_yticks(())
plt.draw(); plt.pause(0.01)
plt.ioff()
```

```
train loss: 0.2304
train loss: 0.0699
train loss: 0.0675
train loss: 0.0682
train loss: 0.0700
train loss: 0.0692
train loss: 0.0590
train loss: 0.0613
```

图 7.20   自编码神经网络训练过程部分效果图

【拓展目的】

对自编码神经网络训练过的 MNIST 数据集进行降维可视化显示。

【拓展内容】

使用本项目介绍的技术和方法,利用 matplotlib 模块对 MNIST 数据集前 200 张测试集数字图片进行降维可视化显示,效果如图 7.21 所示。

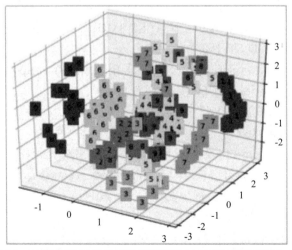

图 7.21   MNIST 数据集前 200 张测试集数字图片降维可视化显示

【拓展步骤】

1. 设计思路

使用自编码对 MNIST 数据集中前 200 张测试集数据图像提取高阶特征，进行聚类，然后使用 matplotlib 模块中 Axes3D( ) 方法进行 3D 显示。

2. 对任务实施程序代码添加修改

代码如 CORE0717 所示。

代码 CORE0717：MNIST 数据集前 200 张测试集数据图像降维显示

```
# 导入 3D 模块
from mpl_toolkits.mplot3d import Axes3D
# 使用 MNIST 数据集前 200 张测试集数据图像
view_data = test_x[:200]
# 自编码提取高阶特征
encoded_data = sess.run(encoded, {tf_x: view_data})
#3D 显示
fig = plt.figure(2)
ax = Axes3D(fig)
# 降维可视化显示
X, Y, Z = encoded_data[:, 0], encoded_data[:, 1], encoded_data[:, 2]
for x, y, z, s in zip(X, Y, Z, test_y):
    c = cm.rainbow(int(255*s/9)); ax.text(x, y, z, s, backgroundcolor=c)
ax.set_xlim(X.min(),X.max());ax.set_ylim(Y.min(),Y.max());ax.set_zlim(Z.min(),
                                        Z.max())
plt.show()
```

本任务通过自编码神经网络 MNIST 数字识别效果的实现，对自编码神经网络有了初步了解，对自编码神经网络的搭建和使用有所了解并掌握，能够通过所学自编码神经网络相关知识作出 MNIST 数字识别的效果。

reinforcement learning	强化学习	environment state	环境状态
action	行动	reward	奖励
AlphaGo	阿尔法围棋	strategy	策略

autoencoder	自编码	autodecoder	自解码
data compression	数据压缩	data decompression	数据解压

任务习题

一、选择题

1. 强化学习包含的主要概念中,以下不属于的是(　　　)。

A. 主体(agent)　　　　　　　　　　B. 环境状态(environment state)

C. 行为(action)　　　　　　　　　　D. 奖励(reward)

2. 以下关于强化学习特点的说法不正确的是(　　　)。

A. 一种可以离线使用的增量式学习

B. 应用在不同的领域及不确定的环境下

C. 一种弱的学习方式,表现为 agent 得到的反馈是奖赏形式

D. 体系可以扩展

3. 强化学习由(　　　)个要素组成。

A. 一　　　　　　　B. 二　　　　　　　C. 三　　　　　　　D. 四

4. 以下不属于自编码的是(　　　)。

A. 稀疏自编码　　　B. 栈式自编码　　　C. 去噪自编码　　　D. 回归自编码

5. 自编码可以理解为是通过(　　　)层前馈神经网络实现的。

A. 一　　　　　　　B. 二　　　　　　　C. 三　　　　　　　D. 四

二、填空题

1._____ 是机器学习中的一个重要分支,介于监督学习和非监督学习之间。

2. 强化学习是一种以 _____ 作为特殊的输入的机器学习方法。

3. 强化学习模型本质上也是神经网络,主要分为 _____ 和 _____。

4. 自编码是一种神经网络形式,是一种 _____ 算法。

5. 自编码是神经网络的一种,其内部包含一个隐藏层,通过隐藏层中新的特征来表征 _____。

三、上机题

搭建强化学习神经网络,实现 MNIST 手写数字识别。

项目八　TensorFlow 高级框架

通过实现 TFLearn 框架预测正弦函数，了解 TensorFlow 的开发流程和基本思路，学习 TFLearn、Keras、TensorFlow.js 框架的相关知识，掌握 TFLearn 框架的使用，具备使用 TFLearn 框架实现 iris 数据分类的能力。在任务实现过程中：

➢ 了解 TensorFlow 的开发流程和基本思路；
➢ 学习 TFLearn、Keras、TensorFlow.js 框架的相关知识；
➢ 掌握 TFLearn 框架的使用；
➢ 具备使用 TFLearn 框架实现 iris 数据分类的能力。

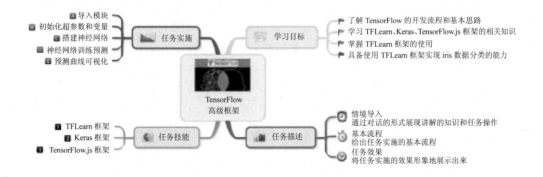

【情境导入】

【基本流程】

　　基本流程如图 8.1 所示,通过对流程图分析可以了解 TFLean 框架循环神经网络的搭建原理。

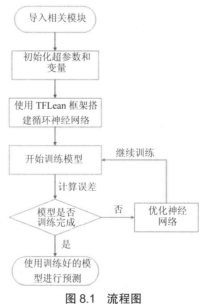

图 8.1　流程图

【任务效果】

通过本项目的学习，可以实现 TensorFlow 的 TFLearn 框架预测正弦函数效果，其效果如图 8.2 所示。

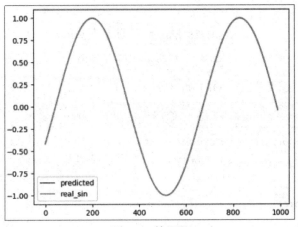

图 8.2　效果图

随着 TensorFlow 的迅速发展，出现了许多优秀的元框架，如 TFLearn、Keras 等，使用元框架可以极大地减少编写 TensorFlow 的代码量，提高开发效率，方便快速地搭建神经网络。

本项目主要讲解 TFLearn 和 Keras 提供的高级 API。

技能点 1　TFLearn 框架

TFLearn 集成在 tf.contrib.learn 中，它对 TensorFlow 模型进行封装，使用 TFLearn 框架有利于提高神经网络的训练速度，节约训练时间。

TFLearn 官方网站（http://tflearn.org/）上描述了它的几个优点，具体如下：

（1）易于使用和理解用于实现深层神经网络的高层 API，并且有详细的教程和例子；

（2）通过高度模块化的内置网络层、正则化、优化、指标等进行快速原型设计；

（3）TensorFlow 完全透明，所有的函数都基于张量，可独立于 TFLearn 使用；

（4）强大的辅助函数，可训练任意 TensorFlow 图，支持多种输入、输出和优化；

（5）简洁而优美的图形可视化，可查看权值、梯度、特征图等细节；

（6）无须人工干预，可使用多个 CPU、GPU。

TFLearn 框架的安装非常简单，不依赖操作系统，可以直接通过 pip 命令安装，安装命令如下。

```
pip install tflearn
```

使用 TFLearn 实现 iris 数据分类，iris 数据集总共包含 150 个样本，通过四个特征分辨三种类型的植物，iris 数据详细说明见网址 http://archive.ics.uci.edu/ml/datasets/Iris，使用 TFLearn 效果如图 8.3 所示。

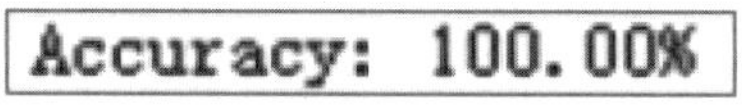

Accuracy: 100.00%

图 8.3　预测 iris 数据集分类

为实现图 8.3 效果，代码如 CORE0801 所示。

代码 CORE0801：TFLearn 实现 iris 数据集分类

```python
from sklearn import model_selection
from sklearn import datasets
from sklearn import metrics
import tensorflow as tf
import numpy as np
from tensorflow.contrib.learn.python.learn.estimators.estimator import SKCompat
# 导入 TFLearn
learn = tf.contrib.learn
# 自定义模型,对于给定的输入数据 features 以及对应的正确答案 target
# 返回输入上的预测值、损失值和训练步骤
def my_model(features, target):
    # 将预测的目标转换为 one_hot 编码形式
    # 共有三个预测类别,向量长度设置为 3
    # 第一个类别表示为（1,0,0）
    # 第二个类别表示为（0,1,0）
    # 第三个类别表示为（0,0,1）
    target = tf.one_hot(target, 3, 1, 0)
    # 计算预测值及损失函数
    logits = tf.contrib.layers.fully_connected(features, 3, tf.nn.softmax)
    loss = tf.losses.softmax_cross_entropy(target, logits)
    # 创建优化器,并得到优化步骤
    train_op = tf.contrib.layers.optimize_loss(
        # 损失函数
        loss,
        # 获取训练步数并在训练时更新
        tf.contrib.framework.get_global_step(),
        # 定义优化器
        optimizer='Adam',    # 定义学习率
```

```
                learning_rate=0.01)
        # 返回数据的预测结果、损失值和优化步骤
        return tf.arg_max(logits, 1), loss, train_op
# 加载 iris 数据集，并划分为测试集和训练集，TFLearn 内嵌了 iris 数据包
iris = datasets.load_iris()
x_train, x_test, y_train, y_test = model_selection.train_test_split(
        iris.data, iris.target, test_size=0.2, random_state=0)
x_train, x_test = map(np.float32, [x_train, x_test])
# 对自定义的模型进行封装
classifier = SKCompat(learn.Estimator(model_fn=my_model,
                        model_dir="Models/model_1"))
# 使用分装好的模型训练执行 800 轮迭代
classifier.fit(x_train, y_train, steps=800)
# 使用训练好的模型进行结果预测
y_predicted = [i for i in classifier.predict(x_test)]
# 计算准确率
score = metrics.accuracy_score(y_test, y_predicted)
print('Accuracy: %.2f %%' % (score * 100))
```

注：观察程序可以发现 TFLearn 既封装了常用的神经网络结构，又省略了模型训练的部分，使得 TensorFlow 更简洁，可读性更强。

技能点 2　Keras 框架

Keras 是 TensorFlow 默认的高级神经网络框架，它是 TensorFlow 的高级封装，读者不用了解 TensorFlow 的细节，直接使用对应的模块，就可以实现神经网络的训练。

Keras 代码更新速度快，简洁易懂，非常适合新手使用，Keras 官方网站（https://keras.io/）上描述了它的几个优点，具体如下：

（1）模型的各个部分，如神经层、成本函数、优化器、初始化、激活函数、规范化都是独立的模块，可以组合在一起来创建模型；

（2）每个模块都保持简短和简单；

（3）很容易添加新模块，适用于做进一步的高级研究；

（4）模型用 Python 实现，非常易于调试和扩展。

模型是 Keras 框架的核心数据结构，可以用来组织网络层。Keras 模型有两种：一种叫 Model 模型，它主要用来建立更复杂的模型；另一种叫 Sequential 模型，它是一系列网络层线性堆叠构成的栈，是最简单的一种模型，是 Model 模型的一种特殊情况。

使用 Keras 框架之前，也需要进行安装，安装命令如下。

```
pip install keras
```

安装完成后,需要选择 Keras 框架依赖的 Backend(后端),也就是 Keras 框架基于什么后台进行运算。Keras 框架可以基于三个后台:Theano、Tensorflow、CNTK。选择哪个作为 Keras 框架的后端,Keras 框架就用哪个在底层搭建神经网络。

安装 Keras 框架完成后,每次 import keras 就会输出当前使用的 Backend,如图 8.4 所示。

```
>>> import keras
Using TensorFlow backend.
```

图 8.4   输出当前使用的 Backend

如图 8.4 所示,说明此时使用 TensorFlow 作为后端运算,根据需要可以更换 Backend,实现如下。

```
>>> import os
# 加入环境变量修改语句
>>> os.environ['KERAS_BACKEND']='theano'
>>> import keras
Using Theano backend.
```

此时将后端运算修改为 Theano,CNTK 方法的更换与 Theano 相同。下面通过具体案例讲解 Keras 框架模型的使用。

1.Sequential 模型的使用

给定一组数据,使用 Keras 框架中的 Sequential 模型进行线性拟合,并预测新输入 x 的输出值,图 8.5 所示是创建 200 个原始线性数据点,之后经过 Keras 框架神经网络训练,训练过程和拟合效果如图 8.6 和图 8.7 所示。

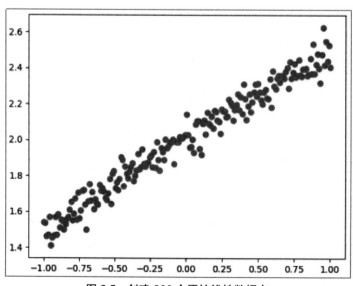

图 8.5   创建 200 个原始线性数据点

```
Using TensorFlow backend.
Training -----------
train cost:  4.091572
train cost:  0.08038986
train cost:  0.0058721295
train cost:  0.0034985486

Testing ------------
40/40 [==============================] - 0s 425us/step
test cost: 0.0033991336822509766
Weights= [[0.465888]]
biases= [1.9995078]
```

图 8.6　神经网络训练过程

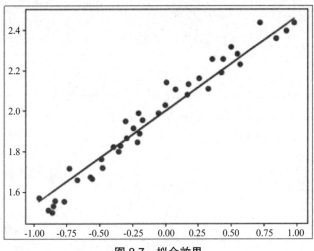

图 8.7　拟合效果

为实现图 8.5、图 8.6、图 8.7 效果，代码如 CORE0802 所示。

代码 CORE0802：Keras 框架实现线性回归

```
import numpy as np
#models.Sequential，用来一层层地建立神经层
from keras.models import Sequential
#layers.Dense 设置神经层是全连接层
from keras.layers import Dense
import matplotlib.pyplot as plt
# 创建 200 个原始线性数据点
X = np.linspace(-1, 1, 200)
np.random.shuffle(X)
Y = 0.5 * X + 2 + np.random.normal(0, 0.05, (200, ))
# 可视化数据
plt.scatter(X, Y)
plt.show()
# 训练前 160 个数据点
X_train, Y_train = X[:160], Y[:160]
```

```
# 测试后 40 个数据点
X_test, Y_test = X[160:], Y[160:]
# 使用 Sequential 建立 model
model = Sequential()
# 使用 model.add 添加神经层,添加的是 Dense 全连接神经层
# 设置输入数据和输出数据都是一维的
model.add(Dense(units=1, input_dim=1))
# 误差函数用的是 mse 均方误差,优化器用的是 sgd 随机梯度下降法
model.compile(loss='mse', optimizer='sgd')
# 训练模型
print('Training -----------')
for step in range(301):
    # 训练的时候用 model.train_on_batch 一批批训练 X_train,Y_train
    cost = model.train_on_batch(X_train, Y_train)
    # 每 100 步输出 cost 结果
    if step % 100 == 0:
        print('train cost: ', cost)
# 测试模型
print('\nTesting ------------')
# 测试模型使用 model.evaluate,输入测试集的 x 和 y
cost = model.evaluate(X_test, Y_test, batch_size=40)
# 输出 cost、weights 和 biases
print('test cost:', cost)
#weights 和 biases 是取模型的第一层 model.layers[0] 学习到的参数
W, b = model.layers[0].get_weights()
print( 'Weights=', W, '\nbiases=', b)
# 可视化绘制预测结果,与测试集的值进行对比
Y_pred = model.predict(X_test)
plt.scatter(X_test, Y_test)
plt.plot(X_test, Y_pred)
plt.show()
```

2. Model 模型的使用

使用 Keras 框架中 Model 模型搭建卷积神经网络实现 MNIST 数字识别,并计算出损失值和准确率,效果如图 8.8 所示。

```
Test loss:0.0327563833317
Test accuracy:0.9893
```

图 8.8　Keras 框架搭建神经网络实现 MNIST 数字识别

TensorFlow 实现图 8.8 效果，代码如 CORE0803 所示。

代码 CORE0803：Keras 框架实现 MNIST 数字识别

```python
from __future__ import print_function
import keras
from keras.datasets import mnist
from keras.models import Sequential
from keras.layers import Dense, Dropout, Flatten
from keras.layers import Conv2D, MaxPooling2D
from keras import backend as K
# 定义超参数并加载数据
# 批数量
batch_size = 128
# 分类数
num_classes = 10
# 训练轮数
epochs = 12
# 输入图片的维度
img_rows, img_cols = 28, 28
#keras 包含 mnist 数据集
# 读取训练集和测试集
(x_train, y_train), (x_test, y_test) = mnist.load_data()
if K.image_data_format() == 'channels_first':
    x_train = x_train.reshape(x_train.shape[0], 1, img_rows, img_cols)
    x_test = x_test.reshape(x_test.shape[0], 1, img_rows, img_cols)
    input_shape = (1, img_rows, img_cols)
else:
    x_train = x_train.reshape(x_train.shape[0], img_rows, img_cols, 1)
    x_test = x_test.reshape(x_test.shape[0], img_rows, img_cols, 1)
    input_shape = (img_rows, img_cols, 1)
# 初始化变量
x_train = x_train.astype('float32')
x_test = x_test.astype('float32')
x_train /= 255
x_test /= 255
print('x_train shape:', x_train.shape)
print(x_train.shape[0], 'train samples')
print(x_test.shape[0], 'test samples')
# 将类向量转换为二进制类矩阵
```

```
y_train = keras.utils.to_categorical(y_train, num_classes)
y_test = keras.utils.to_categorical(y_test, num_classes)
# 构建模型
# 用 2 个卷积层、1 个池化层和 2 个全连接层来构建神经网络
model = Sequential()
model.add(Conv2D(32, kernel_size=(3, 3),
                 activation='relu',
                 input_shape=input_shape))
model.add(Conv2D(64, (3, 3), activation='relu'))
model.add(MaxPooling2D(pool_size=(2, 2)))
model.add(Dropout(0.25))
model.add(Flatten())
model.add(Dense(128, activation='relu'))
model.add(Dropout(0.5))
model.add(Dense(num_classes, activation='softmax'))
# 用 model.compile() 函数编译模型，采用多分类的损失函数
# 用 Adadelta 算法做优化方法
model.compile(loss=keras.losses.categorical_crossentropy,
              optimizer=keras.optimizers.Adadelta(),
              metrics=['accuracy'])
# 用 model.fit() 函数训练模型，输入训练集和测试数据
# 以及 batch_size 和 nb_epoch 参数
model.fit(x_train, y_train,
          batch_size=batch_size,
          epochs=epochs,
          verbose=1,
          validation_data=(x_test, y_test))
# 用 model.evaluate() 函数来评估模型，输出测试集的损失值和准确率
score = model.evaluate(x_test, y_test, verbose=0)
print('Test loss:', score[0])
print('Test accuracy:', score[1])
```

技能点 3　TensorFlow.js 框架

Google 在美国加州石景山发布了面向 JavaScript 开发者的全新机器学习框架 TensorFlow.js。在大会中，TensorFlow 团队表示基于网页的 JavaScript 库 TensorFlow.js 已经能训练并

部署机器学习模型,可以使用神经网络的层级 API 构建模型,并在浏览器中使用 WebGL 创建复杂的数据可视化应用。

　　TensorFlow.js 是一个开源的用于开发机器学习项目的 WebGL-accelerated JavaScript 库,可以为开发者提供高性能的、易于使用的机器学习构建模块,允许开发者在浏览器上训练模型,或以推断模式运行预训练的模型。TensorFlow.js 不仅可以提供低级的机器学习构建模块,还可以提供高级的类似 Keras 的 API 来构建神经网络。

　　下面列举几个 TensorFlow.js 官方网站中展示的有趣案例。

　　(1)使用在浏览器中训练过的图像玩 Pac-Man,用户通过摄像头拍摄的图片训练神经网络,实现控制游戏进行移动操作,如图 8.9 所示。

图 8.9　使用在浏览器中训练过的图像玩 Pac-Man

　　(2)通过神经网络欣赏实时钢琴演奏,使用 RNN 神经网络实现钢琴谱曲演奏,如图 8.10 所示。

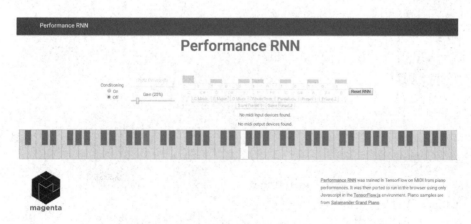

图 8.10　通过神经网络欣赏实时钢琴演奏

接下来简要学习 TensorFlow.js 的核心组件。

1. 张量

TensorFlow.js 中数据的中心单位是张量(tensor):一组数值形成一个或多个维度的数组。一个 tensor 实例的 shape 属性定义了其数组的每个维度中有多少个值。

tf.tensor 函数是基本的张量构造函数，代码实现如下。

```
// 创建 2*3 张量
// 2 行 , 3 列
const shape = [2, 3];
const a = tf.tensor([1.0, 2.0, 3.0, 10.0, 20.0, 30.0], shape);
// 输出张量数值
a.print();
// Output: [[1 , 2 , 3 ],
//          [10, 20, 30]]
// 另一种方式创建 2*3 张量
const b = tf.tensor([[1.0, 2.0, 3.0], [10.0, 20.0, 30.0]]);
b.print();
// Output: [[1 , 2 , 3 ],
//          [10, 20, 30]]
```

为了提高代码的可读性，建议使用 tf.scalar、tf.tensor1d、tf.tensor2d、tf.tensor3d 和 tf.tensor4d 构造张量，代码实现如下。

```
// 创建一维张量
tf.tensor1d([1, 2, 3]).print();
// Output: [1 , 2 , 3 ]
// 创建二维张量
tf.tensor2d([[1, 2], [3, 4]]).print();
// Output: [[1 , 2],
//          [3 , 4]]
// 创建三维张量
tf.tensor3d([[[1], [2]], [[3], [4]]]).print();
// Output: [[[1] ,
//            [2],
//            [3],
//            [4]]]
// 创建四维张量
tf.tensor4d([[[[1], [2]], [[3], [4]]]]).print();
// Output: [[[[1], [2]],
//            [[3], [4]]]]
```

TensorFlow.js 还提供创建将所有值设置为 0（tf.zeros）或将所有值设置为 1（tf.ones）的函数，代码实现如下。

```
// 创建 2 行 2 列全 0 张量
const zeros = tf.zeros([3, 5]);
```

```
// 创建 2 行 2 列全 1 张量
const zeros = tf. ones ([3, 5]);
```

在 TensorFlow.js 中,张量是不变的,一旦创建,就不能改变它们的值,但是可以对它们执行操作生成新的张量。

2. 变量

变量的值是可变的,可以使用 assign 方法将新的张量分配给现有的变量,代码实现如下。

```
// 创建一维张量,长度为 5,赋初值为 0
const initialValues = tf.zeros([5]);
// 初始化变量 biases
const biases = tf.variable(initialValues);
biases.print();
// output: [0, 0, 0, 0, 0]
// 创建一维张量
const updatedValues = tf.tensor1d([0, 1, 0, 1, 0]);
// 使用 assign 方法将张量 updatedValues 分配给变量 biases
biases.assign(updatedValues);
biases.print();
// output: [0, 1, 0, 1, 0]
```

3. 运算节点

张量可以存储数据,运算节点可以操作数据,TensorFlow.js 提供了适用于线性代数和机器学习的各种操作,可以在张量上执行。因为张量是不变的,所以这些运算不会改变它们的值,仅会返回新的张量,代码实现如下。

```
// 创建两个张量
const e = tf.tensor2d([[1.0, 2.0], [3.0, 4.0]]);
const f = tf.tensor2d([[5.0, 6.0], [7.0, 8.0]]);
// 张量相加运算
const e_plus_f = e.add(f);
e_plus_f.print();
// Output: [[6 , 8 ],
//          [10, 12]]
const d = tf.tensor2d([[1.0, 2.0], [3.0, 4.0]]);
// 开平方运算
const d_squared = d.square();
d_squared.print();
// Output: [[1, 4 ],
//          [9, 16]]
```

4. 模型和图层

从概念上讲,模型是一个函数,给定一些输入会产生一些期望的输出。在 TensorFlow.js 中有两种创建模型的方法:一种是使用运算节点构建模型;另一种是使用高级 API tf.model 构建模型,代码实现如下。

```javascript
// 第一种方法:使用运算节点构建模型
// 创建函数,计算 y = a * x ^ 2 + b * x + c
function predict(input) {
        return tf.tidy(() => {
    const x = tf.scalar(input);
    const ax2 = a.mul(x.square());
    const bx = b.mul(x);
    const y = ax2.add(bx).add(c);
    return y;
  });
}
// 创建 : y = 2x^2 + 4x + 8
const a = tf.scalar(2);
const b = tf.scalar(4);
const c = tf.scalar(8);
// 预测输入 2 的输出
const result = predict(2);
result.print()
// Output: 24
// 第二种方法:使用高级 API tf.model 构建模型
const model = tf.sequential();
model.add(
  tf.layers.simpleRNN({
    units: 20,
    recurrentInitializer: 'GlorotNormal',
    inputShape: [80, 4]
  })
);
const optimizer = tf.train.sgd(LEARNING_RATE);
model.compile({optimizer, loss: 'categoricalCrossentropy'});
model.fit({x: data, y: labels)});
```

TensorFlow.js 中有许多不同类型的图层,比如 tf.layers.simpleRNN、tf.layers.gru、tf.layers. lstm 等。

若想了解更全面的 TensorFlow.js 相关操作,请参阅 TensorFlow.js 教程和指南,网址

https://js.tensorflow.org/api_node/1.3.1/。

　　接下来通过曲线拟合案例,简要学习 TensorFlow.js 的应用,原始数据如图 8.11 所示,经过神经网络优化训练得到具有学习系数的拟合曲线,如图 8.12 所示。

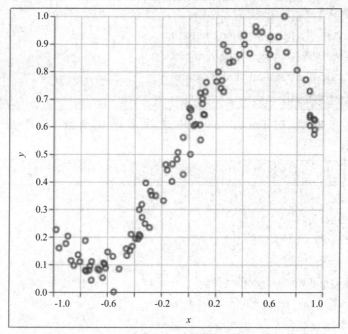

图 8.11　原始数据

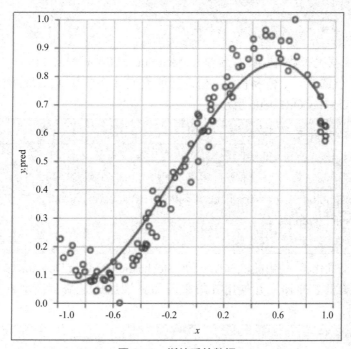

图 8.12　训练后的数据

TensorFlow 实现图 8.11 和图 8.12 效果,步骤如下。

第一步：创建变量，以便在模型训练的每个步骤中保持对当前数值的最佳预测，代码如 CORE0804 所示。

代码 CORE0804：创建变量

```
// 为每个变量分配一个随机数
const a = tf.variable(tf.scalar(Math.random()));
const b = tf.variable(tf.scalar(Math.random()));
const c = tf.variable(tf.scalar(Math.random()));
const d = tf.variable(tf.scalar(Math.random()));
```

第二步：建立模型，在 TensorFlow.js 中表示多项式函数 $y=ax^3+bx^2+cx+d$，代码如 CORE0805 所示。

代码 CORE0805：建立模型

```
// 创建 predict 函数
function predict(x) {
  // y = a * x ^ 3 + b * x ^ 2 + c * x + d
  return tf.tidy(() => {
    return a.mul(x.pow(tf.scalar(3))) // a * x^3
      .add(b.mul(x.square())) // + b * x ^ 2
      .add(c.mul(x)) // + c
      .add(d);
  });
}
```

第三步：定义损失函数，使用均方误差（Mean Square Error，MSE）作为损失函数，通过对数据集中每个 x 值的实际 y 值和预测 y 值之间的差值进行平方，然后取所有结果项的平均值，计算 MSE，代码如 CORE0806 所示。

代码 CORE0806：定义损失函数

```
function loss(predictions, labels) {
  // 从预测中减去标签（实际值），将结果平方，再取平均值
  const meanSquareError = predictions.sub(labels).square().mean();
  return meanSquareError;
}
```

第四步：定义优化器，使用随机梯度下降（Stochastic Gradient Descent，SGD），SGD 通过获取数据集中随机点的梯度并使用其值来通知是增加还是减少模型系数的值，代码如 CORE0807 所示。

代码 CORE0807：定义优化器

```
// 构造 SGD 优化器，学习率为 0.5
```

```
const learningRate = 0.5;
const optimizer = tf.train.sgd(learningRate);
```

第五步：定义训练循环，构建训练循环，迭代执行 SGD 以优化模型的系数、均方误差（MSE），代码如 CORE0808 所示。

代码 CORE0808：定义训练循环

```
function train(xs, ys, numIterations = 75) {
    const learningRate = 0.5;
    const optimizer = tf.train.sgd(learningRate);
// 建立 for 运行 numIterations 训练迭代的循环
    for (let iter = 0; iter < numIterations; iter++) {
        optimizer.minimize(() => {
            const predsYs = predict(xs);
            return loss(predsYs, ys);
        });
    }
}
```

说明：当学会了上面三个 TensorFlow 框架之后，还想要学习更多的 TensorFlow 框架吗？扫描图中二维码，继续框架的学习吧！

通过下面五个步骤的操作，实现图 8.2 所示的 TFLearn 框架预测正弦函数。

第一步：导入相关模块，代码如 CORE0809 所示。

代码 CORE0809：导入相关模块

```
import numpy as np
import tensorflow as tf
import matplotlib as mpl
from matplotlib import pyplot as plt
from tensorflow.contrib.learn.python.learn.estimators.estimator import SKCompat
```

```
#TensorFlow 的高层封装 TFLearn
learn = tf.contrib.learn
```

第二步：初始化超参数和变量，代码如 CORE0810 所示。

代码 CORE0810：初始化超参数和变量

```
# 神经网络参数
#LSTM 隐藏节点个数
HIDDEN_SIZE = 30
#LSTM 层数
NUM_LAYERS = 2
# 循环神经网络截断长度
TIMESTEPS = 10
#batch 大小
BATCH_SIZE = 32
# 数据参数
# 训练轮数
TRAINING_STEPS = 3000
# 训练数据个数
TRAINING_EXAMPLES = 10000
# 测试数据个数
TESTING_EXAMPLES = 1000
# 采样间隔
SAMPLE_GAP = 0.01
def generate_data(seq):
# 序列的第 i 项和后面的 TIMESTEPS-1 项合在一起作为输入
# 第 i+TIMESTEPS 项作为输出
    X = []
    y = []
    for i in range(len(seq) - TIMESTEPS - 1):
        X.append([seq[i:i + TIMESTEPS]])
        y.append([seq[i + TIMESTEPS]])
    return np.array(X, dtype=np.float32), np.array(y, dtype=np.float32)
# 用 sin 生成训练和测试数据集
test_start = TRAINING_EXAMPLES * SAMPLE_GAP
test_end = (TRAINING_EXAMPLES + TESTING_EXAMPLES) * SAMPLE_GAP
train_X, train_y = generate_data(
    np.sin(np.linspace(0, test_start, TRAINING_EXAMPLES, dtype=np.float32)))
test_X, test_y = generate_data(
```

np.sin(np.linspace(test_start, test_end, TESTING_EXAMPLES, dtype=np.float32)))

第三步：搭建神经网络，代码如 CORE0811 所示。

代码 CORE0811：搭建神经网络

```
#LSTM 结构单元
def LstmCell():
    lstm_cell = tf.contrib.rnn.BasicLSTMCell(HIDDEN_SIZE)
    return lstm_cell
def lstm_model(X, y):
    # 使用多层 LSTM，不能用 lstm_cell*NUM_LAYERS 的方法，会导致 LSTM 的
    #tensor 名字都一样
    cell = tf.contrib.rnn.MultiRNNCell([LstmCell() for _ in range(NUM_LAYERS)])
    # 将多层 LSTM 结构连接成 RNN 网络并计算前向传播结果
    output, _ = tf.nn.dynamic_rnn(cell, X, dtype=tf.float32)
    output = tf.reshape(output, [-1, HIDDEN_SIZE])
    # 通过无激活函数的全连接层计算线性回归，并将数据压缩成一维数组的结构
    predictions = tf.contrib.layers.fully_connected(output, 1, None)
    # 将 predictions 和 labels 调整为统一的 shape
    y = tf.reshape(y, [-1])
    predictions = tf.reshape(predictions, [-1])
    # 计算损失值
    loss = tf.losses.mean_squared_error(predictions, y)
    # 创建模型优化器并得到优化步骤
    train_op = tf.contrib.layers.optimize_loss(
        loss,
        tf.train.get_global_step(),
        optimizer='Adagrad',
        learning_rate=0.1)
    return predictions, loss, train_op
# 建立深层循环网络模型
regressor = SKCompat(learn.Estimator(model_fn=lstm_model, model_dir='model/'))
```

第四步：神经网络训练和预测，代码如 CORE0812 所示。

代码 CORE0812：神经网络训练和预测

```
# 调用 fit 函数训练模型
regressor.fit(train_X, train_y, batch_size=BATCH_SIZE, steps=TRAINING_STEPS)
# 使用训练好的模型对测试集进行预测
predicted = [[pred] for pred in regressor.predict(test_X)]
```

```
# 计算 rmse 作为评价指标
rmse = np.sqrt(((predicted － test_y)**2).mean(axis=0))
print('Mean Square Error is: %f' % (rmse[0]))
```

第五步：预测曲线可视化，代码如 CORE0813 所示。

代码 CORE0813：预测曲线可视化

```
# 对预测曲线绘图
fig = plt.figure()
plot_predicted, = plt.plot(predicted, label='predicted')
plot_test, = plt.plot(test_y, label='real_sin')
plt.legend([plot_predicted, plot_test], ['predicted', 'real_sin'])
plt.show()
```

如图 8.2 所示，循环神经网络很好地预测了 sin 函数的取值，预测得到的结果和 sin 函数几乎完全重合。

【拓展目的】

熟练使用 Keras 框架，掌握 Keras 框架搭建神经网络的技巧。

【拓展内容】

使用本项目介绍的技术和方法，利用 Keras 框架搭建循环神经网络，实现时间序列预测，预测过程和预测效果如图 8.13 和图 8.14 所示。

```
Training -----------
train cost:    0.50940645
train cost:    0.06211095
train cost:    0.11535911
train cost:    0.06923886
train cost:    0.05923583
train cost:    0.09711539
train cost:    0.12272052
train cost:    0.03822266
train cost:    0.02647352
train cost:    0.030483443
```

图 8.13　Keras 框架时间序列预测过程效果图

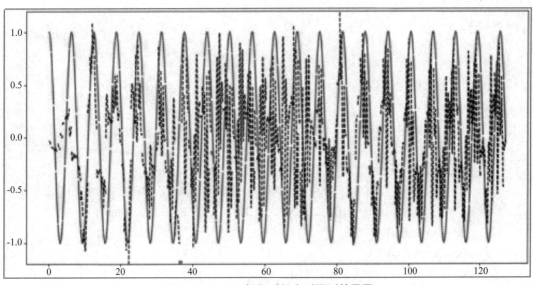

图 8.14　Keras 框架时间序列预测效果图

【拓展步骤】

1. 设计思路
使用 Keras 框架搭建 LSTM 循环神经网络,实现时间序列预测。

2. 编写程序
代码如 CORE0814 所示。

代码 CORE0814: Keras 框架实现时间序列预测

```python
import numpy as np
import matplotlib.pyplot as plt
from keras.models import Sequential
from keras.layers import LSTM, TimeDistributed, Dense
from keras.optimizers import Adam
# 设置 batch 数值
BATCH_START = 0
# 序列步长
TIME_STEPS = 20
#batch 大小
BATCH_SIZE = 50
# 输入大小
INPUT_SIZE = 1
# 输出大小
OUTPUT_SIZE = 1
# 神经元大小
```

```
CELL_SIZE = 20
# 学习率
LR = 0.006
# 定义数据初始化函数
def get_batch():
    global BATCH_START, TIME_STEPS
    # 生成序列 sin(x), 对应输出数据为 cos(x)
    # 设置序列步长为 20, 每次训练的 BATCH_SIZE 为 50
    xs = np.arange(BATCH_START, BATCH_START+TIME_STEPS*BATCH_SIZE).
                reshape((BATCH_SIZE, TIME_STEPS)) / (10*np.pi)
    seq = np.sin(xs)
    res = np.cos(xs)
    BATCH_START += TIME_STEPS
    return [seq[:, :, np.newaxis], rcs[:, :, np.newaxis], xs]
model = Sequential()
# 添加 LSTM RNN 层
model.add(LSTM(
    # 输入为训练数据
    batch_input_shape=(BATCH_SIZE, TIME_STEPS, INPUT_SIZE),
    # 输出数据大小
    output_dim=CELL_SIZE,
    #return_sequences=True, 每一个输入都对应一个输出
    return_sequences=True,
#stateful=True, 每一个点的当前输出受前面所有输出影响
#BATCH 之间参数需要记忆
    stateful=True,
))
# 添加输出层
#LSTM 层每一步都有输出, 使用 TimeDistributed 函数
model.add(TimeDistributed(Dense(OUTPUT_SIZE)))
# 进行优化
adam = Adam(LR)
model.compile(optimizer=adam,loss='mse',)
# 神经网络开始训练
print('Training ------------')
for step in range(200):
    # data shape = (batch_num, steps, inputs/outputs)
    X_batch, Y_batch, xs = get_batch()
```

```
cost = model.train_on_batch(X_batch, Y_batch)
pred = model.predict(X_batch, BATCH_SIZE)
# 调用 matplotlib 函数采用动画方式输出结果
plt.plot(xs[0, :], Y_batch[0].flatten(), 'r', xs[0, :], pred.flatten()[:TIME_STEPS], ' b--')
plt.ylim((-1.2, 1.2))
plt.draw()
plt.pause(0.1)
if step % 20 == 0:
    print('train cost: ', cost)
```

观察代码 CORE0814，可以发现神经网络非常简洁，运行程序，神经网络训练 200 次，最后的准确率达到 97%，训练效果比较好。

本任务通过 TFLearn 框架预测正弦函数效果的实现，对 TensorFlow 的开发流程和思路有所了解，对 TFLearn 框架的安装和使用有所了解并掌握，能够通过所学 TFLearn 框架相关知识作出正弦函数预测的效果。

meta frame	元框架
application program interface	应用程序接口
iris	鸢尾属植物
encapsulation	封装
modularization	模块化
backend	后端
regularization	正则化
optimization techniques	优化技巧
forecast	预测
model	模型

一、选择题

1. 以下关于 TFLearn 框架描述错误的是(　　　)。

A. 简洁而优美的图形可视化,可查看权值、梯度、特征图等细节

B. 强大的辅助函数,可训练任意 TensorFlow 图,支持多种输入、输出和优化

C. 通过高度模块化的内置网络层、正则化、优化、指标等进行快速原型设计

D. 无须人工干预,只能使用一个 CPU、GPU

2.TensorFlow 默认的高级神经网络框架是(　　)。

A. TFLean　　　　　　B. Keras　　　　　　C. TensorFlow.js　　　D. Kora

3. 在 TensorFlow.js 中有(　　)种创建模型的方法。

A. 一　　　　　　　　B. 二　　　　　　　　C. 三　　　　　　　　D. 四

4.Keras 框架基于的后台不包括(　　)。

A. Theano　　　　　　B. Tensorflow　　　　C. Backend　　　　　D. CNTK

5.Keras 模型有(　　)种。

A. 一　　　　　　　　B. 二　　　　　　　　C. 三　　　　　　　　D. 四

二、填空题

1.TFLearn 框架的安装非常简单,不依赖操作系统,可以直接通过 _____ 命令安装。

2. 模型是 Keras 框架的核心数据结构,可以用来 _____。

3.TensorFlow.js 中数据的中心单位是 _____。

4. 一个 tensor 实例的 _____ 属性定义了其数组的每个维度中有多少个值。

5. 张量可以存储数据, _____ 可以操作数据。

三、上机题

使用 TFLearn 框架和 TensorFlow,搭建一个深度神经网络分类器,根据其个人信息(如性别、年龄等)估算泰坦尼克号乘客的生存可能性(泰坦尼克数据集内嵌在 TFLearn 框架中)。